智能系统与技术丛书

Python 3 for Machine Learning

机器学习入门

Python语言实现

[美] 奥斯瓦尔德·坎佩萨托（Oswald Campesato）著

赵国光 白领 译

机械工业出版社
China Machine Press

图书在版编目（CIP）数据

机器学习入门：Python 语言实现 /（美）奥斯瓦尔德 · 坎佩萨托（Oswald Campesato）著；赵国光，白领译．-- 北京：机械工业出版社，2022.1
（智能系统与技术丛书）
书名原文：Python 3 for Machine Learning
ISBN 978-7-111-69524-0

I. ① 机… II. ① 奥… ② 赵… ③ 白… III. ① 机器学习 ② 软件工具 - 程序设计
IV. ① TP181 ② TP311.56

中国版本图书馆 CIP 数据核字（2021）第 225781 号

本书版权登记号：图字 01-2020-4451

机器学习入门：Python 语言实现

出版发行：机械工业出版社（北京市西城区百万庄大街 22 号 邮政编码：100037）

责任编辑：王春华 李美莹	责任校对：殷 虹
印 刷：北京文昌阁彩色印刷有限责任公司	版 次：2022 年 1 月第 1 版第 1 次印刷
开 本：186mm×240mm 1/16	印 张：15.25
书 号：ISBN 978-7-111-69524-0	定 价：89.00 元

客服电话：（010）88361066 88379833 68326294
投稿热线：（010）88379604
华章网站：www.hzbook.com
读者信箱：hzjsj@hzbook.com

THE TRANSLATOR'S WORDS

译者序

随着数据获取、存储与计算技术的快速发展，机器学习的浪潮也随之来临，并逐渐在互联网、金融、机器视觉、自然语言处理等许多领域产生了各种应用。在产业升级的大背景下，有越来越多的场景需要改造，人们自然而然地把目光投向了科技，希望通过技术升级来提高效率。机器学习作为其中的一股重要力量，在未来会以更加汹涌的方式影响社会的各个方面。

需求的另一面是供给，机器学习的广泛应用需要大量的技术工程人员。然而经过几十年的发展，机器学习已经成为一个非常庞大的学科领域，涉及大量的概念和原理，以及很多工程上的框架。面对这样一个庞然大物，许多打算从事这方面工作的技术人员感到无所适从。市面上有很多优秀的机器学习方面的著作，对机器学习的数学理论和应用场景进行了详尽论述。本书也是从应用的角度带领大家进入机器学习的世界，让读者通过实践来加强基础理论。

本书的特点是代码示例与文字讲解相结合，以 Python 为基础讲解机器学习的关键概念、常用算法和典型应用，并从工程角度介绍两个机器学习框架——Keras 和 TensorFlow 2，还覆盖了 Python 语言基础、机器学习、框架等相关知识。

译者在翻译本书时力求忠于原文、表达简练，并对书中所讲内容反复核查，对代码示例逐一执行以保证质量。但由于译者才疏学浅，书中难免存在一些错误或疏漏，恳请读者批评指正。

最后，希望本书的出版能够为机器学习的发展尽绵薄之力。

赵国光

2021 年 9 月　北京

PREFACE

前　言

本书的价值主张是什么

本书致力于在篇幅允许的范围内提供尽可能充分、翔实的 Python 和机器学习的相关内容。

充分利用本书

一些程序员善于从文章中学习，另一些程序员善于从示例代码（大量代码）中学习，这意味着没有一种通用学习方式可以供所有人使用。

此外，一些程序员希望先运行代码，看看代码产生了什么结果，然后再回到代码来深入研究细节（另一些程序员则使用相反的方法）。

所以本书有各种类型的代码示例：有短有长，还有一些则是基于早先的代码示例“构建”的。

为什么不包含软件安装说明

很多网站都有针对不同平台的 Python 安装说明。本书避免重复这些说明，而把这些篇幅用于介绍 Python 相关材料。总之，本书试图避免“灌输”内容，并避免出现从网上可轻易获得的设置步骤。

本书的代码是怎样被测试的

本书的代码示例已经在安装了 OS X 10.8.5 的 Macbook Pro 上的 Python 3.6.8 版本中进行了测试。

阅读本书，需要先了解什么

最有用的先决条件是一定要熟悉一种脚本语言，例如 Perl 或 PHP。其他编程语言（例如 Java）的知识也会有所帮助，因为会从中接触到编程概念和结构。所掌握的技术知识越少，则越需要更多的努力才能理解本书涉及的各个主题。机器学习的基础知识很有帮助，但不是必需的。

如果想确保能够掌握本书的内容，可以先浏览一些代码示例，以便于了解哪些是熟悉的内容，哪些是新知识。

为什么本书没有那么厚

本书的目标读者涵盖从编程语言的初学者到中级程序员。在编写过程中，我尽量满足目标读者准备自学更多 Python 高级特性的需要。

为什么各章中有那么多代码示例

不论哪种形式的论述，首要原则就是“行胜于言”。尽管并未囿于该规则的字面意思，但本书的确以此作为目标：先展示，再解释。你可以通过一个简单的实验来自己判断“先展示，再解释”是否在本书中得到贯彻：当读到本书中的代码示例和配套的图形展示时，请确定其是否更有效地呈现了视觉效果或展示了相关主题。俗话说得好，一图胜千言，本书将尽可能地做到图文并茂。

补充文件是否可以取代本书

补充文件包含了所有代码示例，避免了因手动输入代码到文本文件产生错误而消耗的时间和精力。但是本书提供了相应的配套解释，有助于读者理解代码示例[1]。

本书是否包含生产级代码示例

代码示例展示了 Python 3 针对机器学习的一些有用特性。对于本书，相比于编写更紧凑的代码（更难于理解且更容易出现错误），我们更注重代码的清晰度。如果读者决定在生产环境中使用本书中的任何代码，则需要按照你自有的代码库进行相同的严格分析。

[1] 本书的代码可从华章图书官网http://www.hzbook.com下载。——编辑注

CONTENTS

目 录

CHAPTER 1

第1章

Python 3 简介

本章将对 Python 进行简要介绍，涵盖安装 Python 模块的工具、基本 Python 结构，以及如何用 Python 处理不同类型的数据。

1.1 节介绍 Python 安装和 Python 环境变量设置。1.2 节介绍 Python 交互式解释器、Python 基础语法、Python 代码保存、代码检查等内容，并提供一些 Python 代码示例。1.3 节介绍如何在 Python 中使用简单的数据类型，例如数字、字符串和日期。1.4 节讨论 Python 代码运行过程中的一些异常以及如何在 Python 脚本中处理它们。

如果想阅读文档，Doug Hellman 创建的 PyMOTW（Python Module of the Week）是最好的第三方文档网站。

注意：本书中的 Python 脚本适用于 Python 2.7.5，虽然大多数脚本可能与 Python 2.6 兼容，但这些脚本与 Python 3 不兼容。

1.1 Python 相关工具与安装

1.1.1 Python 相关工具

Anaconda Python 有适用于 Windows、Linux 和 Mac 的各种版本，可在以下网址下载：

http://continuum.io/downloads

Anaconda 非常适合 numPy 和 sciPy（将在第 7 章介绍）等模块，尤其是对 Windows 用户而言，Anaconda 是很好的选择。

1. easy_install 和 pip

需要安装 Python 模块时，easy_install 和 pip 是两个非常便捷的方法。

每次安装 Python 模块（本书中涉及很多）时，都可使用如下语法所示的 easy_install 或 pip 命令：

```
easy_install <module-name>
pip install <module-name>
```

注意：基于Python的模块安装起来较为简单，而使用C语言编写的模块虽然速度更快，但安装难度也更大。

2. virtualenv

virtualenv工具可以创建独立的Python环境，其网址为http://www.virtualenv.org/en/latest/virtualenv.html

virtualenv解决了为不同的程序保留正确的依赖关系和版本（以及间接权限）的问题。如果你是Python新手，可能暂时不需要virtualenv，但请牢记此工具。

3. IPython

另一个非常好的工具是IPython（它曾获Jolt奖），网址如下：

http://ipython.org/install.html

IPython的两个非常不错的功能是tab补全和“?”。下列是tab补全的示例：

```
python
Python 3.6.8 (v3.6.8:3c6b436a57, Dec 24 2018, 02:04:31)
Type "copyright", "credits" or "license" for more
information.
IPython 0.13.2 -- An enhanced Interactive Python.
?         -> Introduction and overview of IPython's
             features.
 %quickref      -> Quick reference.
 help  -> Python's own help system.
 object?  -> Details about 'object', use 'object??' for
            extra details.
 In [1]: di
 %dirs   dict    dir     divmod
```

在上述部分中，如果键入字符di，IPython将反馈以下内容，包含所有以字母di开头的函数：

```
%dirs   dict    dir     divmod
```

如果输入问号（“?”），IPython将提供文本帮助，开头的第一段内容如下所示：

```
IPython -- An enhanced Interactive Python
IPython offers a combination of convenient shell
features, special commands and a history mechanism
for both input (command history) and output (results
caching, similar to Mathematica). It is intended to be
a fully compatible replacement for the standard Python
interpreter, while offering vastly improved functionality
and flexibility.
```

1.1.2节将介绍如何检查计算机是否安装了Python，以及在哪里可下载Python。

1.1.2　安装 Python

在下载任何内容之前，请在 shell 中键入以下命令，以检查计算机上是否已安装 Python（如果你使用 Macbook 或 Linux 计算机，很有可能安装过）：

```
python3 -V
```

本书使用 Macbook，其输出结果如下：

```
Python 3.6.8
```

注意： 在计算机上安装 Python 3.6.8（或尽可能接近此版本），以便拥有相同版本的 Python 来检验本书的 Python 脚本。

如果你需要在计算机上安装 Python，请导航至 Python 主页并选择下载链接，或直接导航至以下网址：

http://www.python.org/download/

此外，PythonWin 可用于 Windows，其网址为：

http://www.cgl.ucsf.edu/Outreach/pc204/pythonwin.html

要使用能保存为纯文本文件的文本编辑器，以创建、编辑和保存 Python 脚本（不要使用 Microsoft Word）。

在计算机上安装并配置 Python 之后，就可以使用本书的 Python 脚本了。

1.1.3　设置 `PATH` 环境变量（仅 Windows）

`PATH` 环境变量用于明确路径列表，当你从命令行指定可执行程序时，将搜索该目录列表。关于如何设置环境，以便在每个 shell 命令行里都能执行 Python 文件，下列网站提供了很好的指导：

http://www.blog.pythonlibrary.org/2011/11/24/python-101-setting-up-python-on-windows/

1.2　Python 编程基础

1.2.1　Python 交互式解释器

打开 shell 并键入以下命令，从命令行启动 Python 交互式解释器：

```
python3
```

你将看到以下提示（或类似内容）：

```
Python 3.6.8 (v3.6.8:3c6b436a57, Dec 24 2018, 02:04:31)
[GCC 4.2.1 Compatible Apple LLVM 6.0 (clang-600.0.57)]
on darwin
Type "help", "copyright", "credits" or "license" for
more information.
>>>
```

现在，在提示符处键入表达式 2+7：

```
>>> 2 + 7
```

Python 显示如下结果：

```
9
>>>
```

按 <ctrl+d> 键退出 Python shell。

你可以在命令行前添加单词“python”来启动任何 Python 脚本。如果你有一个包含 Python 命令的 Python 脚本 myscript.py，请按以下方式启动该脚本：

```
python myscript.py
```

举一个简单的例子，假设 Python 脚本 myscript.py 包含以下 Python 代码：

```
print('Hello World from Python')
print('2 + 7 = ', 2+7)
```

启动上面的 Python 脚本时，你将看到以下输出：

```
Hello World from Python
2 + 7 = 9
```

1.2.2 Python 基础语法

1. Python 标识符

Python 标识符是变量、函数、类、模块或其他 Python 对象的名称，有效的标识符应符合以下规则：

- 以字母 A 到 Z、a 到 z 或者下划线（_）开头。
- 零个或多个字母、下划线和数字（0 到 9）。

注意： Python 标识符不能包含 @、$ 和 % 之类的字符。

Python 语言区分大小写，因此 Python 中的 Abc 和 abc 不同。

此外，Python 具有以下命名惯例：

- 类名以大写字母开头，所有其他标识符以小写字母开头。
- 初始下划线用于私有标识符。
- 两个初始下划线用于强私有标识符。

Python 标识符中，若有两个初始下划线和两个末尾下划线字符，则表示语言定义的特殊名称。

2. 行、缩进和多行

与其他编程语言（如 Java 或 Objective-C）不同，Python 在代码块中使用缩进而不是大括号。缩进在代码块中必须保持一致，如下所示：

```
if True:
    print("ABC")
    print("DEF")
else:
    print("ABC")
    print("DEF")
```

Python 中的多行语句换行结尾时可以使用换行符或反斜杠（“\”）字符，如下所示：

```
total = x1 + \
        x2 + \
        x3
```

显然这里可以将 x1、x2 和 x3 放在同一行上，并无必要将三行分开。但如果需要添加一组超过一行的变量，则可以使用换行功能。

你可以使用分号（“;”）分隔每条语句，从而在一行中定义多个语句，如下所示：

```
a=10; b=5; print(a); print(a+b)
```

上述代码片段的输出如下所示：

```
10
15
```

注意：在 Python 中不鼓励使用分号和连续字符。

3. Python 中的引用和注释

Python 允许对字符串文字添加单引号（'）、双引号（"）和三引号（''' 或 """），只要它们在字符串的开头和结尾可以相互匹配上。对跨越多行的字符串可以使用三引号。以下示例都是合法的 Python 字符串：

```
word = 'word'
line = "This is a sentence."
para = """This is a paragraph. This paragraph contains
more than one sentence."""
```

以字母“r”(代表“raw”）开头的字符串文字将所有内容视为文字字符，并“转义”了元字符的含义，如下所示：

```
a1 = r'\n'
a2 = r'\r'
a3 = r'\t'
print('a1:',a1,'a2:',a2,'a3:',a3)
```

以上代码块的输出如下所示：

```
a1: \n a2: \r a3: \t
```

你可以将单引号嵌入一对双引号中（反之亦然），用来显示单引号或双引号。另一种方法是，在单引号或双引号前加上反斜杠（“\”）字符。以下代码块说明了这点：

```
b1 = "'"
b2 = '"'
b3 = '\''
b4 = "\""
print('b1:',b1,'b2:',b2)
print('b3:',b3,'b4:',b4)
```

以上代码块的输出如下所示：

```
b1: ' b2: "
b3: ' b4: "
```

不在字符串文字中的井号（#）是注释开始的标志。# 后面直到该行结束的所有字符都是注释的一部分（会被 Python 解释器忽略）。考虑下列代码块：

```
#!/usr/bin/python
# First comment
print("Hello, Python!")  # second comment
```

结果如下所示：

```
Hello, Python!
```

注释可以和代码语句在同一行：

```
name = "Tom Jones" # This is also comment
```

也可注释多行，如下所示：

```
# This is comment one
# This is comment two
# This is comment three
```

Python 中的空白行是仅包含空格或者注释（或两者兼有）的行。

1.2.3 以模块形式保存代码

前面介绍了如何从命令行启动 Python 解释器，然后输入 Python 命令。但在 Python 解释器中输入的所有内容仅对当前会话有效，如果退出解释器，再次启动时，之前的定义将不再有效。幸运的是，Python 允许你将代码存储在文本文件中。

Python 中的模块是一个包含 Python 语句的文本文件。前面介绍了 Python 解释器如何检验对当前会话有效的代码片段。如果要保留代码片段和定义，请将其存于文本文件中，以便在 Python 解释器之外执行该代码。

首次导入模块时，Python 中最外面的语句从上到下执行，然后对变量和函数进行设置。

Python 模块可以直接从命令行运行，如下所示：

```
python First.py
```

举个例子，将下面两个语句放在一个名为 First.py 的文本文件中：

```
x = 3
print(x)
```

输入以下命令：

```
python First.py
```

上述命令的输出为 3，和前面从 Python 解释器执行的结果相同。

当直接运行 Python 模块时，特殊变量 `__name__` 会被设置为 `__main__`。你会经常在 Python 模块中看到类似下面的代码：

```
if __name__ == '__main__':
    # do something here
    print('Running directly')
```

上述代码片段用来让 Python 判断，是从命令行启动 Python 模块，还是将其导入另一个 Python 模块。

1.2.4 Python 中的一些标准模块

Python 标准库提供了许多可以简化 Python 脚本的模块。可以访问如下网址查看标准库模块的列表：

http://www.python.org/doc/

一些最重要的 Python 模块包括 `cgi`、`math`、`os`、`pickle`、`random`、`re`、`socket`、`sys`、`time` 和 `urllib`。

本书中的代码示例使用模块 `math`、`os`、`random`、`re`、`socket`、`sys`、`time` 和 `urllib`。你需要导入这些模块才能在自己的代码中使用它们。例如，下面这个代码块说明了如何导入 4 个标准 Python 模块：

```
import datetime
import re
import sys
import time
```

本书中的代码示例导入了一个或多个上述模块，以及其他的 Python 模块。

1.2.5 help() 和 dir() 函数

在网上搜索 Python 相关的主题会得到很多有用信息的链接，或者也可以查看 Python 官方文档：docs.python.org

此外，Python 提供了可以从 Python 解释器访问的 `help()` 和 `dir()` 函数。`help()` 函数返回解释文档，`dir()` 函数返回定义的符号。

例如，如果输入 `help(sys)`，则将看到 `sys` 模块的文档，而 `dir(sys)` 显示已定义符号的列表。

在 Python 解释器中输入以下命令，可以显示 Python 中与字符串相关的方法：

```
>>> dir(str)
```

上述命令可得到如下输出：

```
['__add__', '__class__', '__contains__', '__delattr__',
'__doc__', '__eq__', '__format__', '__ge__', '__
getattribute__', '__getitem__', '__getnewargs__', '__
getslice__', '__gt__', '__hash__', '__init__', '__le__',
'__len__', '__lt__', '__mod__', '__mul__', '__ne__',
'__new__', '__reduce__', '__reduce_ex__', '__repr__',
'__rmod__', '__rmul__', '__setattr__', '__sizeof__',
'__str__', '__subclasshook__', '_formatter_field_name_
split', '_formatter_parser', 'capitalize', 'center',
'count', 'decode', 'encode', 'endswith', 'expandtabs',
'find', 'format', 'index', 'isalnum', 'isalpha',
'isdigit', 'islower', 'isspace', 'istitle', 'isupper',
'join', 'ljust', 'lower', 'lstrip', 'partition',
'replace', 'rfind', 'rindex', 'rjust', 'rpartition',
'rsplit', 'rstrip', 'split', 'splitlines', 'startswith',
'strip', 'swapcase', 'title', 'translate', 'upper',
'zfill']
```

请注意，虽然 dir() 没有列出内置函数和变量的名称，但是你可以从标准模块 __builtin__ 获取这些信息，该模块会自动以 __builtins__ 的名称导入：

```
>>> dir(__builtins__)
```

下面这个命令说明如何获取某个函数的更多信息：

```
help(str.lower)
```

该命令的输出如下：

```
Help on method_descriptor:
lower(...)
    S.lower() -> string

    Return a copy of the string S converted to
lowercase.
(END)
```

在需要有关特定函数或模块的其他信息时，请上网查阅文档，并尝试使用 help() 和 dir()。

1.2.6　编译时和运行时的代码检查

Python 支持一些编译时的代码检查，但大部分检查（如类型、名称等）都要推迟到代码执行的时候。因此，如果 Python 代码引用了一个不存在的用户自定义函数，该代码仍然会成功编译。事实上，仅当代码执行路径引用了不存在的函数时，该代码才会因异常而失败。

简单举例，请考虑下面的 Python 函数 myFunc，该函数引用了一个不存在的函数 DoesNotExist：

```
def myFunc(x):
    if x == 3:
        print(DoesNotExist(x))
    else:
        print('x: ',x)
```

仅当 myFunc 函数传递的值为 3 时，上述代码才会失败，之后引起 Python 报错。

在第 2 章中，你将学习如何定义和调用用户自定义的函数，并了解 Python 中局部变量和全局变量之间的区别。

现在你已经了解了一些基本概念（例如，如何使用 Python 解释器）以及如何启动自定义 Python 模块，1.3 节将讨论 Python 中的基本数据类型。

1.3　Python 中的简单数据类型

Python 支持原始数据类型，例如数字（整数、浮点数和指数）、字符串和日期等。Python 还支持更复杂的数据类型，例如列表（或数组）、元组和字典，所有这些都将在第 3 章中讨论。接下来的几节将讨论一些 Python 基本数据类型，并通过相关的代码示例说明如何对这些数据类型执行不同的操作。

1.3.1　数字

与其他编程语言类似，Python 提供了简洁明了的算术操作。以下是关于整数算术操作的例子：

```
>>> 2+2
4
>>> 4/3
1
>>> 3*8
24
```

下面的例子将数字分配给两个变量并计算其乘积：

```
>>> x = 4
>>> y = 7
>>> x * y
28
```

下面的例子是关于整数的算术操作：

```
>>> 2+2
4
>>> 4/3
1
>>> 3*8
24
```

注意，两个整数的除法（“/”）实际上是“截断”，即仅保留整数结果。下面的例子将浮点数转换为指数形式：

```
>>> fnum = 0.00012345689000007
>>> "%.14e"%fnum
'1.23456890000070e-04'
```

int() 函数和 float() 函数可将字符串转换为数字：

```
word1 = "123"
word2 = "456.78"
var1 = int(word1)
var2 = float(word2)
print("var1: ",var1," var2: ",var2)
```

其输出如下：

```
var1:  123  var2:  456.78
```

另外，还可以使用 eval() 函数：

```
word1 = "123"
word2 = "456.78"
var1 = eval(word1)
var2 = eval(word2)
print("var1: ",var1," var2: ",var2)
```

如果要转换非有效整数或浮点数的字符串，Python 会引发异常，因此建议将代码放在 try/except 块中（本章稍后讨论）。

1. 使用其他底数

Python 中的数字以 10 为底数（默认），但你也可以将数字转换为其他底数。例如，下面的代码块将变量 x 的初始值设为 1234，然后分别以 2、8 和 16 为底数表示：

```
>>> x = 1234
>>> bin(x) '0b10011010010'
>>> oct(x) '0o2322'
>>> hex(x) '0x4d2' >>>
```

如果要隐藏 0b、0o 或 0x 前缀，可以使用 format() 函数：

```
>>> format(x, 'b') '10011010010'
>>> format(x, 'o') '2322'
>>> format(x, 'x') '4d2'
```

负整数用负号作为标识：

```
>>> x = -1234
>>> format(x, 'b') '-10011010010'
>>> format(x, 'x') '-4d2'
```

2. chr() 函数

Python 的 chr() 函数用一个正整数作为形参，并将其转换为对应的字母值（如果存在）。字母 A 到 Z 的十进制表示形式为 65 到 91（对应于十六进制的 41 到 5b），小写字母 a 到 z 的十进制表示形式为 97 到 122（十六进制为 61 到 7b）。

下面是使用 chr() 函数打印大写字母 A 的示例：

```
>>> x=chr(65)
>>> x
'A'
```

下面的代码打印一系列整数的 ASCII 值：

```
result = ""
for x in range(65,91):
  print(x, chr(x))
  result = result+chr(x)+' '
print("result: ",result)
```

注意： Python 2 使用 ASCII 字符串，而 Python 3 使用 UTF-8。

你可以用以下代码来表示一定范围内的字符：

```
for x in range(65,91):
```

但下面的等效代码更加直观：

```
for x in range(ord('A'), ord('Z')):
```

如果要显示小写字母的结果，请将上面的 (65,91) 更改为以下任意一条语句：

```
for x in range(65,91):
for x in range(ord('a'), ord('z')):
```

3. Python 中的 round() 函数

Python 的 round() 函数可以将十进制值舍入到最接近的精度：

```
>>> round(1.23, 1)
1.2
>>> round(-3.42,1)
-3.4
```

4. 在 Python 中格式化数字

Python 允许在打印十进制数字时指定小数精度的位数，如下所示：

```
>>> x = 1.23456
>>> format(x, '0.2f')
'1.23'
>>> format(x, '0.3f')
'1.235'
>>> 'value is {:0.3f}'.format(x) 'value is 1.235'
>>> from decimal import Decimal
>>> a = Decimal('4.2')
>>> b = Decimal('2.1')
>>> a + b
Decimal('6.3')
>>> print(a + b)
6.3
>>> (a + b) == Decimal('6.3')
True
>>> x = 1234.56789
```

```
>>> # Two decimal places of accuracy
>>> format(x, '0.2f')
'1234.57'
>>> # Right justified in 10 chars, one-digit accuracy
>>> format(x, '>10.1f')
' 1234.6'
>>> # Left justified
>>> format(x, '<10.1f') '1234.6 '
>>> # Centered
>>> format(x, '^10.1f') ' 1234.6 '
>>> # Inclusion of thousands separator
>>> format(x, ',')
'1,234.56789'
>>> format(x, '0,.1f')
'1,234.6'
```

5. 使用分数

Python 支持 `Fraction()` 函数（在 `fractions` 模块中定义），该函数接受两个整数，分别代表分数的分子和分母（分母必须为非零）。这里显示了几个在 Python 中定义和使用分数的示例：

```
>>> from fractions import Fraction
>>> a = Fraction(5, 4)
>>> b = Fraction(7, 16)
>>> print(a + b)
27/16
>>> print(a * b) 35/64
>>> # Getting numerator/denominator
>>> c = a * b
>>> c.numerator
35
>>> c.denominator 64
>>> # Converting to a float >>> float(c)
0.546875
>>> # Limiting the denominator of a value
>>> print(c.limit_denominator(8))
4
>>> # Converting a float to a fraction >>> x = 3.75
>>> y = Fraction(*x.as_integer_ratio())
>>> y
Fraction(15, 4)
```

在深入研究适用于字符串的 Python 代码之前，下一节将简要讨论 Unicode 和 UTF-8 两种字符编码。

1.3.2　字符串

1. Unicode 和 UTF-8

Unicode 字符串由介于 `0` 到 `0x10ffff` 之间的数字序列组成，其中每个数字代表一组字节。编码是将 Unicode 字符串转换为字节序列的方式。在各种编码中，通用转换格式(Unicode Transformation Format，UTF)-8 格式可能是最常见的，也是许多系统的默认编码。

UTF-8 中的数字 8 表示编码使用 8 位数字，而 UTF-16 使用 16 位数字（但是这种编码不太常见）。

ASCII 字符集是 UTF-8 的子集，因此可以将有效的 ASCII 字符串读取为 UTF-8 字符串，而无须任何重新编码。此外，Unicode 字符串也可以转换为 UTF-8 字符串。

使用 Unicode

Python 支持 Unicode，这意味着你可以使用不同的语言表示字符。Unicode 数据能以与字符串相同的方式被存储和处理。Unicode 字符串可以通过添加前缀字母“u”来创建，如下所示：

```
>>> u'Hello from Python!'
u'Hello from Python!'
```

通过指定特殊字符的 Unicode 值，可以在字符串中包含特殊字符。例如，在 Unicode 字符串中嵌入一个空格（其 Unicode 值为 0x0020）：

```
>>> u'Hello\u0020from Python!'
u'Hello from Python!'
```

清单 1.1 说明了如何显示日语字符串和中文（普通话）字符串。

清单 1.1　Unicode1.py

```
chinese1 = u'\u5c07\u63a2\u8a0e HTML5 \u53ca\u5176\
u4ed6'
hiragana = u'D3 \u306F \u304B\u3063\u3053\u3043\u3043 \
u3067\u3059!'

print('Chinese:',chinese1)
print('Hiragana:',hiragana)
```

清单 1.1 的输出结果如下：

```
Chinese: 將探討 HTML5 及其他
Hiragana: D3 は かっこぃぃ です!
```

本章后面将介绍如何使用内置的 Python 函数对文本字符串进行“切片”。

2. 处理字符串

Python 2 中的字符串是一系列的 ASCII 编码字节，你可以使用“+”运算符连接两个字符串。下面的代码示例说明了如何打印一个字符串，然后连接两个单字母字符串：

```
>>> 'abc'
'abc'
>>> 'a' + 'b'
'ab'
```

你可以使用“+”或“*”来连接相同的字符串，如下所示：

```
>>> 'a' + 'a' + 'a'
'aaa'
>>> 'a' * 3
'aaa'
```

可以把字符串赋值给变量，并用 print 命令打印：

```
>>> print('abc')
abc
>>> x = 'abc'
>>> print(x)
abc
>>> y = 'def'
>>> print(x + y)
abcdef
```

也可以“解压缩”字符串当中的字母，并赋值给变量，如下所示：

```
>>> str = "World"
>>> x1,x2,x3,x4,x5 = str
>>> x1
'W'
>>> x2
'o'
>>> x3
'r'
>>> x4
'l'
>>> x5
'd'
```

上述代码片段展示了提取文本字符串中的字母是非常简单的。第 3 章将介绍如何“解压缩”其他 Python 数据结构。

还可以从字符串中提取子字符串，如下所示：

```
>>> x = "abcdef"
>>> x[0]
'a'
>>> x[-1]
'f'
>>> x[1:3]
'bc'
>>> x[0:2] + x[5:]
'abf'
```

但如果你试图将两个字符串“相减”，则会报错：

```
>>> 'a' - 'b'
Traceback (most recent call last):
  File "<stdin>", line 1, in <module>
TypeError: unsupported operand type(s) for -: 'str' and
'str'
```

Python 中的 try/except 结构（本章后面会讨论）可以更优雅地处理上述异常情况。

（1）字符串的比较

lower() 和 upper() 方法可以将字符串分别转换为小写和大写，如下所示：

```
>>> 'Python'.lower()
'python'
>>> 'Python'.upper()
'PYTHON'
>>>
```

lower() 和 upper() 方法在比较两个不区分大小写的 ASCII 字符串时很有用。清单 1.2 说明了如何用 lower() 函数比较两个 ASCII 字符串。

清单 1.2　Compare.py

```
x = 'Abc'
y = 'abc'
if(x == y):
  print('x and y: identical')
elif (x.lower() == y.lower()):
  print('x and y: case insensitive match')
else:
  print('x and y: different')
```

由于 x 包含大小写混合的字母，y 包含小写字母，因此清单 1.2 的输出结果为：

```
x and y: different
```

（2）在 Python 中格式化字符串

Python 提供了 string.lstring()、string.rstring() 和 string.center() 函数来处理文本字符串的位置，其功能分别为左对齐、右对齐和居中。如前面所述，Python 还提供了用于高级插入功能的 format() 方法。

在 Python 解释器中输入以下命令：

```
import string
str1 = 'this is a string'
print(string.ljust(str1, 10))
print(string.rjust(str1, 40))
print(string.center(str1,40))
```

得到如下输出结果：

```
this is a string
                        this is a string
            this is a string
```

Python 中的未初始化变量和 None 值

Python 区分未初始化变量和 None 值。前者是尚未分配值的变量，而 None 值则表示“没有值”。集合和方法通常会返回 None 值，你可以在条件逻辑中检测 None 值（见第 2 章）。

下面将说明如何使用内置的 Python 函数对文本字符串进行“切片”。

（3）字符串的切片

Python支持用数组表示提取字符串的子字符串（即“切片”）。切片的句法为`start:stop:step`，其中`start`、`stop`和`step`值都是整数，分别用于指定开始值、结束值和步长。有趣的是，切片的步长可设为-1，表示从字符串的右侧进行操作，而非左侧。

字符串切片的一些示例如下：

```
text1 = "this is a string"
print('First 7 characters:',text1[0:7])
print('Characters 2-4:',text1[2:4])
print('Right-most character:',text1[-1])
print('Right-most 2 characters:',text1[-3:-1])
```

上述代码的输出结果为：

```
First 7 characters: this is
Characters 2-4: is
Right-most character: g
Right-most 2 characters: in
```

后面将介绍如何在一个字符串中插入另一个字符串。

（4）数字和字母字符的检查

Python可以检查字符串中的每个字符，然后判断其是否为真正的数字或字母字符。

清单1.3的`CharTypes.py`说明了如何确定字符串是否包含数字或字符。如果你尚不熟悉其中的“`if`”条件语句，请参阅第2章的详细内容。

清单1.3　CharTypes.py

```
str1 = "4"
str2 = "4234"
str3 = "b"
str4 = "abc"
str5 = "a1b2c3"
if(str1.isdigit()):
  print("this is a digit:",str1)
if(str2.isdigit()):
  print("this is a digit:",str2)
if(str3.isalpha()):
  print("this is alphabetic:",str3)
if(str4.isalpha()):
  print("this is alphabetic:",str4)
if(not str5.isalpha()):
  print("this is not pure alphabetic:",str5)
print("capitalized first letter:",str5.title())
```

清单1.3首先对一些变量进行了初始化，然后在2个条件判断中使用`isdigit()`函数检查`str1`和`str2`是否为数字，之后使用`isalpha()`函数检查`str3`、`str4`和`str5`是否为字母字符串。清单1.3的输出结果如下：

```
this is a digit: 4
this is a digit: 4234
this is alphabetic: b
this is alphabetic: abc
this is not pure alphabetic: a1b2c3
capitalized first letter: A1B2C3
```

（5）在其他字符串中搜索和替换一个字符串

Python 提供了在文本字符串中搜索和替换一个字符串的方法。清单 1.4 的 `FindPos1.py` 说明了如何使用 `find` 函数搜索一个字符串中是否存在另一个字符串。

清单 1.4　FindPos1.py

```
item1 = 'abc'
item2 = 'Abc'
text = 'This is a text string with abc'
pos1 = text.find(item1)
pos2 = text.find(item2)
print('pos1=',pos1)
print('pos2=',pos2)
```

清单 1.4 先对变量 `item1`、`item2` 和 `text` 进行初始化，然后在字符串 `text` 中搜索 `item1` 和 `item2` 的内容索引。Python 中的 `find()` 函数返回第一次成功匹配的位置，如果匹配失败，则 `find()` 函数返回 -1。

清单 1.4 的输出结果如下：

```
pos1= 27
pos2= -1
```

除了使用 `find()` 方法，还可以使用 `in` 运算符检查某元素是否存在，如下所示：

```
>>> lst = [1,2,3]
>>> 1 in lst
True
```

清单 1.5 的 `Replace1.py` 说明了如何用一个字符串替换另一个字符串。

清单 1.5　Replace1.py

```
text = 'This is a text string with abc'
print('text:',text)
text = text.replace('is a', 'was a')
print('text:',text)
```

清单 1.5 首先初始化文本变量，然后打印内容，之后则将字符串文本中出现的“is a”替换为“was a”，再打印修改后的字符串。清单 1.5 的输出结果如下：

```
text: This is a text string with abc
text: This was a text string with abc
```

（6）删除开头和结尾字符

Python 提供了函数 `strip()`、`lstrip()` 和 `rstrip()` 来删除文本字符串中的字符。

清单1.6的Remove1.py说明了如何搜索字符串。

清单1.6　Remove1.py

```
text = '   leading and trailing white space   '
print('text1:','x',text,'y')
text = text.lstrip()
print('text2:','x',text,'y')
text = text.rstrip()
print('text3:','x',text,'y')
```

清单1.6首先将字母x和文本变量的内容连接起来，然后打印结果。第三行和第四行代码删除了字符串文本中的前导空格，然后把结果追加到字母x后面。第五行和第六行代码删除了字符串文本中的结尾空格（注意，前导空格已被删除），然后将结果追加到字母x后面。

清单1.6的输出结果如下：

```
text1: x    leading and trailing white space y
text2: x leading and trailing white space    y
text3: x leading and trailing white space y
```

如果要删除文本字符串内的多余空格，请使用前面介绍的replace()函数。下面的示例说明了如何实现这个操作，其中的re模块将在附录A介绍：

```
import re
text = 'a    b'
a = text.replace(' ', '')
b = re.sub('\s+', ' ', text)
print(a)
print(b)
```

上述代码的输出结果如下：

```
ab
a b
```

第2章将介绍如何使用join()函数来删除文本字符串中的多余空格。

3. 打印不带换行符的文本

如果想在多条print语句的输出对象之间消除空格和换行符，则可以使用连接或write()函数。

第一种方法是在打印结果之前使用str()函数连接每个字符串对象。例如，在Python中运行以下语句：

```
x = str(9)+str(0xff)+str(-3.1)
print('x: ',x)
```

它的输出如下：

```
x:  9255-3.1
```

上面一行即为数字 9 和 255（为十六进制数字 0xff 的十进制值）以及 -3.1 的连接。

这里顺便提示，`str()` 函数可以与模块和用户定义的类一起使用。下面的例子涉及 Python 内置模块 `sys`：

```
>>> import sys
>>> print(str(sys))
<module 'sys' (built-in)>
```

以下代码片段说明了如何使用 `write()` 函数显示字符串：

```
import sys
write = sys.stdout.write
write('123')
write('123456789')
The output is here:
1233
1234567899
```

4. 文本对齐

Python 提供了对齐文本的方法 `ljust()`、`rjust()` 和 `center()`。`ljust()` 和 `rjust()` 函数分别使文本字符串左对齐和右对齐，`center()` 函数使字符串居中。下面的代码示例说明了相关功能：

```
text = 'Hello World'
text.ljust(20)
'Hello World '
>>> text.rjust(20)
' Hello World'
>>> text.center(20)
' Hello World '
```

Python 的 `format()` 函数可用于对齐文本。使用字符 <、> 或 ^，以及所需的宽度数值，可以分别实现文本左对齐、右对齐和居中。以下示例说明了如何指定文本对齐方式：

```
>>> format(text, '>20')
'         Hello World'
>>>
>>> format(text, '<20')
'Hello World         '
>>>
>>> format(text, '^20')
'    Hello World     '
>>>
```

1.3.3 处理日期

Python 提供一系列与日期相关的函数，详细介绍可访问下列网址：

https://docs.python.org/3/library/datetime.html

清单 1.7 的 `Datetime2.py` 脚本，显示了各种与日期相关的值，例如，当前日期和时间、星期、月、年，以及自本纪元 (epoch) 以来的时间（以秒为单位）。

清单 1.7　Datetime2.py

```
import time
import datetime

print("Time in seconds since the epoch: %s" %time.time())
print("Current date and time: " , datetime.datetime.
now())
print("Or like this: " ,datetime.datetime.now().
strftime("%y-%m-%d-%H-%M"))
print("Current year: ", datetime.date.today().
strftime("%Y"))
print("Month of year: ", datetime.date.today().
strftime("%B"))
print("Week number of the year: ", datetime.date.
today().strftime("%W"))
print("Weekday of the week: ", datetime.date.today().
strftime("%w"))
print("Day of year: ", datetime.date.today().
strftime("%j"))
print("Day of the month : ", datetime.date.today().
strftime("%d"))
print("Day of week: ", datetime.date.today().
strftime("%A"))
```

清单 1.8 是运行清单 1.7 的代码生成的输出结果。

清单 1.8　datetime2.out

```
Time in seconds since the epoch: 1375144195.66
Current date and time:  2013-07-29 17:29:55.664164
Or like this:  13-07-29-17-29
Current year:  2013
Month of year:  July
Week number of the year:  30
Weekday of the week:  1
Day of year:  210
Day of the month :  29
Day of week:  Monday
```

Python 还可以使用与日期相关的值执行算术计算，如下列代码所示：

```
>>> from datetime import timedelta
>>> a = timedelta(days=2, hours=6)
>>> b = timedelta(hours=4.5)
>>> c = a + b
>>> c.days
2
>>> c.seconds
37800
>>> c.seconds / 3600
10.5
>>> c.total_seconds() / 3600
58.5
```

字符串转换为日期

清单 1.9 的 String2Date.py 说明了如何将字符串转换为日期，以及如何计算两个日期之间的差。

清单 1.9 String2Date.py

```
from datetime import datetime
text = '2014-08-13'
y = datetime.strptime(text, '%Y-%m-%d')
z = datetime.now()
diff = z - y
print('Date difference:',diff)
```

清单 1.9 的输出如下所示：

```
Date difference: -210 days, 18:58:40.197130
```

1.4 Python 中的异常处理

与 JavaScript 不同，你无法在 Python 中将一个数字和一个字符串相加。但你可以使用 Python 中的 try/except 结构检测到非法操作，这类似于 JavaScript 和 Java 等语言中的 try/catch 结构。

try/except 的代码块示例如下：

```
try:
  x = 4
  y = 'abc'
  z = x + y
except:
  print 'cannot add incompatible types:', x, y
```

Python 在运行上面代码时，将执行 except 代码块中的 print 语句，因为 x 和 y 的变量类型不兼容。

在本章的前面，你看到过两个字符串相减会引发异常：

```
>>> 'a' - 'b'
Traceback (most recent call last):
  File "<stdin>", line 1, in <module>
TypeError: unsupported operand type(s) for -: 'str' and
'str'
```

处理异常的一种简单方法是使用 try/except 代码块：

```
>>> try:
...   print('a' - 'b')
... except TypeError:
...   print('TypeError exception while trying to subtract
two strings')
... except:
...   print('Exception while trying to subtract two
strings')
...
```

上述代码的输出如下：

```
TypeError exception while trying to subtract two strings
```

如你所见，上述的代码块定义了名为 TypeError 的更细粒度的异常，其后跟一个 except 代码块，用来处理 Python 代码执行中可能会发生的所有其他异常。这种风格类似于 Java 代码中的异常处理。

清单 1.10 的 Exception1.py 说明了如何处理各种类型的异常。

清单 1.10　Exception1.py

```
import sys
try:
    f = open('myfile.txt')
    s = f.readline()
    i = int(s.strip())
except IOError as err:
    print("I/O error: {0}".format(err))
except ValueError:
    print("Could not convert data to an integer.")
except:
    print("Unexpected error:", sys.exc_info()[0])
    raise
```

清单 1.10 包含一个 try 代码块，其后跟三个 except 语句。如果 try 代码块发生错误，第一个 except 语句会与产生的异常类型进行比较。如果存在匹配项，则执行随后的 print 语句，然后程序终止。如果不存在匹配项，则对第二个 except 语句执行类似的测试。如果两个 except 语句都不匹配该异常，则由第三个 except 语句处理该异常，会在打印一条消息后“引发”异常。

请注意，你还可以在单个语句中指定多种异常类型，如下所示：

```
except (NameError, RuntimeError, TypeError):
    print('One of three error types occurred')
```

这种代码块更紧凑，但是你不知道发生了三种错误类型中的哪一种。Python 允许自定义异常，但是这部分不在本书的讨论范围之内。

1.4.1　处理用户输入

Python 允许通过 input() 函数或 raw_input() 函数从命令行读取用户输入。一般来说，将用户输入赋值给变量，该变量会包含用户从键盘输入的所有字符。当用户按下 <return> 键（包括在输入字符中）时，标志着用户输入结束。清单 1.11 的 UserInput1.py 提示用户输入名称，然后使用该输入作为响应。

清单 1.11　UserInput1.py

```
userInput = input("Enter your name: ")
print ("Hello %s, my name is Python" % userInput)
```

清单 1.11 的输出如下所示（假设用户输入了单词 Dave）：

```
Hello Dave, my name is Python
```

清单 1.11 中的 print 语句通过 %s 插入字符串，具体字符用 % 符号后的变量值代替。当具体内容在运行时才能明确时，此功能是十分有用的。

用户输入可能会导致异常（这取决于代码执行的操作），因此代码中包含异常处理是非常重要的。

清单 1.12 的 UserInput2.py，脚本内容提示用户输入字符串，并尝试在 try/except 代码块中将字符串转换为数字。

清单 1.12 UserInput2.py

```
userInput = input("Enter something: ")
   try:
  x = 0 + eval(userInput)
  print('you entered the number:',userInput)
except:
  print(userInput,'is a string')
```

清单 1.12 将数字 0 加到了用户输入的转换为数字的结果中。如果转换成功，则会显示一条带有用户输入的消息。如果转换失败，则 expect 代码块中的 print 语句会打印一条消息。

注意：此代码示例使用 eval() 函数。但其实应避免使用 eval() 函数，这样你的代码才不会执行任何强制（可能是破坏性的）命令。

清单 1.13 的 UserInput3.py 脚本内容提示用户输入两个数字，并尝试在一组 try/except 代码块中计算其总和。

清单 1.13 UserInput3.py

```
sum = 0
msg = 'Enter a number:'
val1 = input(msg)
   try:
  sum = sum + eval(val1)
except:
  print(val1,'is a string')
msg = 'Enter a number:'
val2 = input(msg)
try:
  sum = sum + eval(val2)
except:
  print(val2,'is a string')
print('The sum of',val1,'and',val2,'is',sum)
```

清单 1.13 包含两个 try 代码块，每个 try 代码块后面都有一个 except 语句。第一个 try 代码块尝试将第一个用户提供的数字添加到变量 sum 中，第二个 try 代码块尝试将第二个用户提供的数字添加到先前输入的数字中。如果其中任何一个输入字符串不是有效数字，则会出现一条错误消息。如果两者都是有效数字，则显示的消息就会包含输入的数字及其总和。请务必阅读前面提到的 eval() 函数的警告。

1.4.2 命令行参数

Python 提供了一个 getopt 模块来解析命令行选项和参数，而 Python sys 模块通过 sys.argv 可访问任何命令行参数。这提供了两种用途：

- sys.argv 显示命令行参数列表。
- len(sys.argv) 显示命令行参数的数量。

sys.argv[0] 是程序名称，所以如果 Python 程序名为 test.py，那么它与 sys.argv[0] 的值可以匹配。

现在，你可以不用通过提示用户，而直接在命令行上为 Python 程序提供输入值。

作为例子，考虑如下所示的 test.py 脚本：

```
#!/usr/bin/python
import sys
print('Number of arguments:',len(sys.argv),'arguments')
print('Argument List:', str(sys.argv))
```

现在，按如下所示运行上述脚本：

```
python test.py arg1 arg2 arg3
```

输出结果如下：

```
Number of arguments: 4 arguments.
Argument List: ['test.py', 'arg1', 'arg2', 'arg3']
```

从命令行指定输入值的功能非常有用。例如，假设你有一个自定义 Python 类，其中包含 add 和 subtract 方法对一组数字进行加和减。

你可以使用命令行参数来指定对一组数字执行何种方法，如下所示：

```
python MyClass add 3 5
python MyClass subtract 3 5
```

此功能非常有用，因为你可以在 Python 类中以编程方式执行不同的方法，同时也意味着可以为代码编写单元测试。附录 B 将会介绍如何创建自定义 Python 类。

清单 1.14 的 Hello.py 说明了如何使用 sys.argv 检查命令行形参的数量。

清单 1.14 Hello.py

```
import sys
def main():
  if len(sys.argv) >= 2:
    name = sys.argv[1]
  else:
    name = 'World'
```

```
  print('Hello', name)
# Standard boilerplate to invoke the main() function
if __name__ == '__main__':
  main()
```

代码清单 1.14 定义了 main() 函数，该函数检查命令行形参的数量：如果该值大于等于 2，则为变量名分配第二个形参的值（第一个形参为 Hello.py），否则 Hello 将作为变量值分配给 name。然后，print 语句打印变量 name 的值。

代码清单 1.14 的最后部分使用条件逻辑来确定是否执行 main() 函数。

1.5 小结

本章介绍了如何使用数字，并对数字执行算术操作。此外还介绍了字符串的使用和操作。下一章将介绍如何在 Python 中使用条件语句、循环和用户自定义函数。

CHAPTER 2

第2章

条件逻辑、循环和函数

本章介绍Python中各种条件逻辑的使用，以及控制结构和自定义函数。事实上，每个Python程序都需要一些条件逻辑或控制结构（或二者都有）来执行想要的计算。尽管Python在语法特性上与其他语言有些许不同，但这些功能对你来说并不会陌生。

2.1节通过代码示例介绍Python中if-else和if-elseif-else语句的使用，还介绍了Python中运算符的优先级、比较运算符和布尔运算符等内容。2.2节介绍Python中的变量和参数。2.3节介绍Python中的for循环和while循环，并通过几个示例（字符串比较、数字的指数运算等）讲解Python中循环的各种用法。2.4节将向你介绍Python中的用户自定义函数。2.5节介绍一些通过递归求解问题的示例。

2.1 Python中的条件逻辑

如果你使用过其他的编程语言，那么一定见到过if/then/else（或if-elseif-else）条件语句。尽管不同语言的语法存在差异，但它们的基本逻辑是类似的。下面的代码展示了Python中if/elif的使用：

```
>>> x = 25
>>> if x < 0:
...   print('negative')
... elif x < 25:
...   print('under 25')
... elif x == 25:
...   print('exactly 25')
... else:
...  print('over 25')
...
exactly 25
```

上述代码块演示了如何使用多重条件语句，并给出正确的结果。

break/continue/pass 语句

可以使用 break 语句“提前跳出”循环，而 continue 语句本质上是直接跳到循环的开始并执行下一次循环，pass 语句则表示“什么都不做”。

清单 2.1 的 BreakContinuePass.py 说明了这三个语句的用法。

清单 2.1 BreakContinuePass.py

```
print('first loop')
for x in range(1,4):
  if(x == 2):
    break
  print(x)

print('second loop')
for x in range(1,4):
  if(x == 2):
    continue
  print(x)

print('third loop')
for x in range(1,4):
  if(x == 2):
    pass
  print(x)
```

清单 2.1 的输出如下所示：

```
first loop
1
second loop
1
3
third loop
1
2
3
```

2.1.1 Python 的保留关键字

每一种编程语言都有保留关键字，它们是一组不能作为标识符使用的单词，Python 也是如此。Python 的保留关键字是：and、exec、not、assert、finally、or、break、for、pass、class、from、print、continue、global、raise、def、if、return、del、import、try、elif、in、while、else、is、with、except、lambda、yield。

如果你不小心使用了保留关键字作为变量，你不会看到“reserved word”的错误信息，而是会看到一个“invalid syntax”的错误信息。例如，假设你通过如下代码创建了一个 Python 脚本 test1.py：

```
break = 2
print('break =', break)
```

当你运行上述脚本会得到如下输出：

```
  File "test1.py", line 2
    break = 2
          ^
SyntaxError: invalid syntax
```

通过快速检查 Python 代码可发现，你试图使用保留关键字 `break` 作为变量。

2.1.2 Python 运算符的优先级

当涉及一个带数字的表达式时，你可能会记得乘法（“*”）和除法（“/”）比加法（“+”）和减法（“-”）有更高的优先级。指数运算相对于这四种算术运算符有更高的优先级。然而使用括号会更简单（也更安全）。例如，`(x/y)+10` 比 `x/y+10` 更清晰，尽管这两个表达式是等价的。

作为另一个示例，下面的两个表达式是等价的，但是第二个比第一个出错的可能性更小：

```
x/y+3*z/8+x*y/z-3*x
x/y)+(3*z)/8+(x*y)/z-(3*x)
```

总之，下面的网址包含了 Python 中运算符的优先级规则：

http://www.mathcs.emory.edu/~valerie/courses/fall10/155/resources/op_precedence.html

2.1.3 比较运算符和布尔运算符

Python 支持丰富的比较运算符和布尔运算符，例如 `in`、`not in`、`is`、`is not`、`and`、`or` 和 `not`。接下来将讨论这些运算符并通过示例阐述它们的用法。

1. in/not in/is/is not 比较运算符

使用 `in` 和 `not in` 来判断一个值是否出现在序列中。`is` 和 `is not` 运算符用来判断两个对象是否是同一个对象，这只对像列表这样的可变对象有用。所有的比较运算符具有相同的优先级，并且都低于算术运算符的优先级。比较运算也可以级联，例如 `a < b == c` 判断 `a` 是否小于 `b` 并且 `b` 和 `c` 是否相等。

2. and、or 和 not 布尔运算符

布尔运算符 `and`、`or` 和 `not` 相对于比较运算符来说优先级更低，其中 `and` 和 `or` 是二元运算符，`not` 是一元运算符。示例如下：

- 只有在 `A` 和 `B` 都为 True 的时候，`A and B` 才为 True。
- 只要 `A` 和 `B` 中的一个为 True，`A or B` 就为 True。
- 当且仅当 `A` 为 False 的时候，`not(A)` 为 True。

你还可以将其他比较表达式或布尔表达式的结果赋值给一个变量，例如：

```
>>> string1, string2, string3 = '', 'b', 'cd'
>>> str4 = string1 or string2 or string3
>>> str4
'b'
```

上述代码块首先初始化变量 string1、string2、string3，其中 string1 为空字符串。接下来通过 or 运算符初始化变量 str4，由于第一个非空的变量是 string2，所以 str4 的值等于 string2。

2.2 Python 中的变量和参数

2.2.1 局部变量和全局变量

Python 中的变量可以是局部变量也可以是全局变量。变量在以下情况时，是一个函数的局部变量：

- 作为函数的形参。
- 出现在函数中声明语句的左边。
- 限定在控制结构内部（如 for、with 和 except）。

当一个非局部的变量（在之前的代码中出现）在函数内被引用，那么它是一个非局部变量。你可以按如下所示指定一个非局部变量：

```
nonlocal z
```

一个变量可以显式地声明为全局变量，如下所示：

```
global z
```

下面的代码块对照演示了局部变量和全局变量的不同表现：

```
global z
z = 3

def changeVar(z):
  z = 4
  print('z in function:',z)

print('first global z:',z)

if __name__ == '__main__':
  changeVar(z)
  print('second global z:',z)
```

上述代码块的输出如下所示：

```
first global z: 3
z in function: 4
second global z: 3
```

2.2.2 变量的作用域

Python 变量的可访问性或作用域取决于变量的定义位置。Python 提供两种作用域：全局作用域和局部作用域。全局变量实际上是模块级别的作用域（即当前文件），因此你可以在不同的文件中使用相同的名称定义变量，它们会被当作不同的变量对待。

局部变量很简单：它们是在函数内定义的变量，并且只能在定义它们的函数内被访问。任何非局部的变量都具有全局作用域，这些变量只对定义它的文件是“全局的”，并且可以在文件中的任何地方访问它们。

下面看两个关于变量的场景。首先，假设有两个文件（即模块）file1.py 和 file2.py 都包含一个叫作 x 的变量，同时 file1.py 导入了 file2.py。现在的问题是如何在这两个文件中区分变量 x。举个例子，假设 file2.py 中包含下面两行代码：

```
x = 3
print('unscoped x in file2:',x)
```

假设 file1.py 中包含如下代码：

```
import file2 as file2

x = 5
print('unscoped x in file1:',x)
print('scoped x from file2:',file2.x)
```

在命令行中运行 file1.py，你会得到如下输出：

```
unscoped x in file2: 3
unscoped x in file1: 5
scoped x from file2: 3
```

第二个场景涉及一段包含两个变量的程序，一个是局部变量，一个是全局变量，两个变量具有相同的命名。根据前面的规则，在定义变量的函数内使用的是局部变量，而在函数外会使用全局变量。

下面的代码说明了具有相同变量名的局部变量和全局变量的用法：

```
#!/usr/bin/python
# a global variable:
total = 0;

def sum(x1, x2):
   # this total is local:
   total = x1+x2;

   print("Local total : ", total)
   return total

# invoke the sum function
sum(2,3);
print("Global total : ", total)
```

当执行上述代码的时候，将得到以下结果：

```
Local total :  5
Global total :  0
```

对于不确定作用域的变量，在使用变量 x 时不带模块前缀会怎么样？答案取决于 Python 执行的以下一系列步骤：

1) 在局部作用域中检查该名称的变量。

2) 扩大检查的封闭作用域，并检查该名称的变量。

3) 执行第 2 步直到检查全局作用域（即模块级别）。

4) 如果仍未找到 x，则检查 Python 的 `__builtins__`（内建模块）。

```
Python 3.6.8 (v3.6.8:3c6b436a57, Dec 24 2018, 02:04:31)
[GCC 4.2.1 Compatible Apple LLVM 6.0 (clang-600.0.57)]
on darwin
Type "help", "copyright", "credits" or "license" for
more information.
>>> x = 1
>>> g = globals()
>>> g
{'g': {...}, '__builtins__': <module '__builtin__'
(built-in)>, '__package__': None, 'x': 1, '__name__':
'__main__', '__doc__': None}
>>> g.pop('x')
1
>>> x
Traceback (most recent call last):
  File "<stdin>", line 1, in <module>
NameError: name 'x' is not defined
```

注意：你可以通过调用 `locals()` 和 `globals()` 来访问 Python 用于跟踪局部变量和全局变量的字典。

2.2.3 引用传递和值传递

Python 中的所有参数（形参和实参）都是引用传递。因此，当你在一个函数内修改了其形参引用的时候，这个改变会反映在其调用函数中。例如：

```
def changeme(mylist):
   #This changes a passed list into this function
   mylist.append([1,2,3,4])
   print("Values inside the function: ", mylist)
   return

# Now you can call changeme function
mylist = [10,20,30]
changeme(mylist)
print("Values outside the function: ", mylist)
```

这里我们持有对传递对象的引用，并对其添加值。它的结果如下所示：

```
Values inside the function:  [10, 20, 30, [1, 2, 3, 4]]
Values outside the function:  [10, 20, 30, [1, 2, 3, 4]]
```

引用传递这一事实引出了可变性与不可变性的概念，我们将在第 3 章讨论。

2.2.4 实参和形参

Python 区分函数调用时的实参和函数声明时的形参：位置（强约束）和关键字（可选 / 默认值）。这个概念很重要，因为 Python 有用于包装和拆包这类参数的运算符。

Python 从迭代器中拆包位置参数，如下所示：

```
>>> def foo(x, y):
...    return x - y
...
>>> data = 4,5
>>> foo(data) # only passed one arg
Traceback (most recent call last):
  File "<stdin>", line 1, in <module>
TypeError: foo() takes exactly 2 arguments (1 given)
>>> foo(*data) # passed however many args are in tuple
-1
```

2.3 在 Python 中使用循环

Python 支持 for 循环、while 循环和 range() 语句。接下来逐个介绍如何使用它们。

2.3.1 Python 中的 for 循环

Python 支持 for 循环，它的语法与其他语言（如 JavaScript 或 Java）稍有不同。下面的代码块演示如何在 Python 中使用 for 循环来遍历列表中的元素：

```
>>> x = ['a', 'b', 'c']
>>> for w in x:
...    print(w)
...
a
b
c
```

上述的代码段是将三个字母分行打印的。你可以通过在 print 语句的后面添加逗号“,”将输出限制在同一行显示（如果指定打印的字符很多，则会“换行”），代码如下所示：

```
>>> x = ['a', 'b', 'c']
>>> for w in x:
...    print(w, end=' ')
...
a b c
```

当你希望通过一行而不是多行显示文本中的内容时，可以使用上述形式的代码。

Python 还提供了内置函数 reversed()，它可以反转循环的方向，例如：

```
>>> a = [1, 2, 3, 4, 5]
>>> for x in reversed(a):
... print(x)
5
4
3
2
1
```

注意，只有当对象的大小是确定的，或者对象实现了 __reversed__() 方法的时候反向遍历的功能才有效。

1. 使用 try/except 的 for 循环

清单 2.2 的 StringToNums.py 说明了如何对一组从字符串转换而来的整数求和。

清单 2.2 StringToNums.py

```
line = '1 2 3 4 10e abc'
sum  = 0
invalidStr = ""

print('String of numbers:',line)

for str in line.split(" "):
  try:
    sum = sum + eval(str)
  except:
    invalidStr = invalidStr + str + ' '

print('sum:', sum)
if(invalidStr != ""):
  print('Invalid strings:',invalidStr)
else:
  print('All substrings are valid numbers')
```

清单 2.2 首先初始化变量 line、sum 和 invalidStr，然后显示 line 的内容。接下来将 line 中的内容分割为单词，然后通过 try 代码块逐个将单词的数值累加到变量 sum 中。如果发生异常，则将当前 str 的内容追加到变量 invalidStr。

当循环执行结束，清单 2.2 打印出数值单词的和，并在后面显示非数值单词。它的输出如下所示：

```
String of numbers: 1 2 3 4 10e abc
sum: 10
Invalid strings: 10e abc
```

2. 指数运算

清单 2.3 的 Nth_exponet.py 说明了如何计算一组整数的幂。

清单 2.3 Nth_exponet.py

```
maxPower = 4
maxCount = 4

def pwr(num):
  prod = 1
  for n in range(1,maxPower+1):
    prod = prod*num
    print(num,'to the power',n, 'equals',prod)
  print('-----------')

for num in range(1,maxCount+1):
    pwr(num)
```

清单 2.3 中有一个 pwr() 函数，其参数为一个数值。此函数中的循环可打印出参数的

1 到 n 次方，n 的取值范围在 1 到 maxCount+1 之间。

代码的第二部分通过一个 for 循环调用 pwr() 函数从 1 到 maxCount+1 的值。它的输出如下所示：

```
1 to the power 1 equals 1
1 to the power 2 equals 1
1 to the power 3 equals 1
1 to the power 4 equals 1
-----------
2 to the power 1 equals 2
2 to the power 2 equals 4
2 to the power 3 equals 8
2 to the power 4 equals 16
-----------
3 to the power 1 equals 3
3 to the power 2 equals 9
3 to the power 3 equals 27
3 to the power 4 equals 81
-----------
4 to the power 1 equals 4
4 to the power 2 equals 16
4 to the power 3 equals 64
4 to the power 4 equals 256
-----------
```

3. 嵌套的循环

清单 2.4 的 Triangular1.py 说明了如何打印一行连续整数（从 1 开始），其中每一行的长度都比前一行大 1。

清单 2.4　Triangular1.py

```
max = 8
for x in range(1,max+1):
  for y in range(1,x+1):
    print(y, '', end='')
  print()
```

清单 2.4 首先初始化 max 变量为 8，之后通过变量 x 从 1 到 max+1 执行循环。内层循环有一个值为从 1 到 x+1 的循环变量 y，并打印 y 的值。它的输出如下所示：

```
1
1 2
1 2 3
1 2 3 4
1 2 3 4 5
1 2 3 4 5 6
1 2 3 4 5 6 7
1 2 3 4 5 6 7 8
```

4. 在 for 循环中使用 split() 函数

Python 支持各种便捷的字符串操作相关函数，包括 split() 函数和 join() 函数。在需要将一行文本分词化（即“分割”）为单词，然后使用 for 循环遍历这些单词时，split() 函数非常有用。

join() 函数与 split() 函数相反，它将两个或多个单词“连接”为一行。通过使用 split() 函数，你可以轻松地删除句子中多余的空格，然后调用 join() 函数，使文本行中每个单词之间只有一个空格。

（1）使用 split() 函数做单词比较

清单 2.5 的 Compare2.py 说明了如何通过 split() 函数将文本字符串中的每个单词与另一个单词进行比较。

清单 2.5　Compare2.py

```
x = 'This is a string that contains abc and Abc'
y = 'abc'
identical = 0
casematch = 0

for w in x.split():
  if(w == y):
    identical = identical + 1
  elif (w.lower() == y.lower()):
    casematch = casematch + 1

if(identical > 0):
 print('found identical matches:', identical)

if(casematch > 0):
 print('found case matches:', casematch)

if(casematch == 0 and identical == 0):
 print('no matches found')
```

清单 2.5 通过 split() 函数对字符串 x 中的每个单词与单词 abc 进行比较。如果单词精确匹配，就将 identical 变量加 1；否则就尝试不区分大小写进行比较，若匹配就将 casematch 变量加 1。

清单 2.5 的输出如下所示：

```
found identical matches: 1
found case matches: 1
```

（2）使用 split() 函数打印指定格式的文本

清单 2.6 的 FixedColumnCount1.py 说明了如何打印一组设定固定宽度的字符串。

清单 2.6　FixedColumnCount1.py

```
import string

wordCount = 0
str1 = 'this is a string with a set of words in it'

print('Left-justified strings:')
```

```
print('------------------------')
for w in str1.split():
   print('%-10s' % w)
   wordCount = wordCount + 1
   if(wordCount % 2 == 0):
      print("")
print("\n")

print('Right-justified strings:')
print('------------------------')

wordCount = 0
for w in str1.split():
   print('%10s' % w)
   wordCount = wordCount + 1
   if(wordCount % 2 == 0):
      print()
```

清单 2.6 首先初始化变量 wordCount 和 str1，然后执行两个 for 循环。第一个 for 循环对 str1 的每个单词进行左对齐打印，第二个 for 循环对 str1 的每个单词进行右对齐打印。在每个循环中当 wordCount 是偶数的时候就输出一次换行，这样每打印两个连续的单词之后就换行。清单 2.6 的输出如下所示：

```
Left-justified strings:
-----------------------
this      is
a         string
with      a
set       of
words     in
it

Right-justified strings:
------------------------
      this        is
         a    string
      with         a
       set        of
     words        in
        it
```

（3）使用 split() 函数打印固定宽度的文本

清单 2.7 的 FixedColumnWidth1.py 说明了如何打印固定宽度的文本。

清单 2.7　FixedColumnWidth1.py

```
import string

left = 0
right = 0
columnWidth = 8

str1 = 'this is a string with a set of words in it and
it will be split into a fixed column width'
strLen = len(str1)

print('Left-justified column:')
```

```
print('----------------------')
rowCount = int(strLen/columnWidth)

for i in range(0,rowCount):
   left  = i*columnWidth
   right = (i+1)*columnWidth-1
   word  = str1[left:right]
   print("%-10s" % word)

# check for a 'partial row'
if(rowCount*columnWidth < strLen):
   left  = rowCount*columnWidth-1;
   right = strLen
   word  = str1[left:right]
   print("%-10s" % word)
```

清单 2.7 初始化整型变量 columnWidth 和字符串类型变量 str1。变量 strLen 是 str1 的长度，变量 rowCount 是 strLen 除以 columnWidth 的值。之后通过循环打印 rowCount 行，每行包含 columnWidth 个字符。代码的最后部分输出所有“剩余”的字符。清单 2.7 的输出如下所示：

```
Left-justified column:
----------------------
this is
a strin
 with a
set of
ords in
it and
t will
e split
into a
ixed co
umn wid
th
```

（4）使用 split() 函数比较文本字符串

清单 2.8 的 CompareStrings1.py 说明了如何判断一个文本字符串中的单词是否出现在另一个文本字符串中。

清单 2.8　CompareStrings1.py

```
text1 = 'a b c d'
text2 = 'a b c e d'

if(text2.find(text1) >= 0):
  print('text1 is a substring of text2')
else:
  print('text1 is not a substring of text2')

subStr = True
for w in text1.split():
  if(text2.find(w) == -1):
    subStr = False
    break
```

```
if(subStr == True):
  print('Every word in text1 is a word in text2')
else:
  print('Not every word in text1 is a word in text2')
```

清单 2.8 首先初始化两个字符串变量 text1 和 text2，然后通过条件逻辑判断字符串 text2 是否包含了 text1（并输出相应打印信息）。

清单 2.8 的后半部分通过一个循环遍历字符串 text1 中的每个单词，并判断其是否出现在 text2 中。如果发现有匹配失败的情况，就设置变量 subStr 为 False，并通过 break 语句跳出循环，提前终止 for 循环的执行。最后根据变量 subStr 的值打印对应的信息。清单 2.8 的输出如下所示：

```
text1 is not a substring of text2
Every word in text1 is a word in text2
```

5. 用基础的 for 循环显示字符串中的字符

清单 2.9 的 StringChars1.py 说明了如何打印一个文本字符串中的字符。

清单 2.9　StringChars1.py

```
text = 'abcdef'
for ch in text:
   print('char:',ch,'ord value:',ord(ch))
print
```

清单 2.9 的代码简单直接地通过一个 for 循环遍历字符串 text 并打印它的每个字符以及字符的 ord 值（ASCII 码）。清单 2.9 的输出如下所示：

```
('char:', 'a', 'ord value:', 97)
('char:', 'b', 'ord value:', 98)
('char:', 'c', 'ord value:', 99)
('char:', 'd', 'ord value:', 100)
('char:', 'e', 'ord value:', 101)
('char:', 'f', 'ord value:', 102)
```

6. join() 函数

另一个去掉多余空格的方法是使用 join() 函数，代码示例如下所示：

```
text1 = '   there are      extra    spaces     '
print('text1:',text1)

text2 = ' '.join(text1.split())
print('text2:',text2)

text2 = 'XYZ'.join(text1.split())
print('text2:',text2)
```

split() 函数将一个文本字符串"分割"为一系列的单词，同时去掉多余的空格。接下来 join() 函数使用一个空格作为分隔符将字符串 text1 中的单词连接在一起。上述代码的最后部分使用字符串 XYZ 替换空格作为分隔符，执行相同的连接操作。

上述代码的输出如下：

```
text1:    there are     extra   spaces
text2: there are extra spaces
text2: thereXYZareXYZextraXYZspaces
```

2.3.2 Python 中的 while 循环

你可以通过如下方式定义一个 while 循环来遍历一组数字：

```
>>> x = 0
>>> while x < 5:
...   print(x)
...   x = x + 1
...
0
1
2
3
4
5
```

Python 通过缩进来组织代码段，而不是像其他语言（如 JavaScrip 和 Java）那样使用花括号。尽管在第 3 章才会讨论 Python 的列表数据结构，但你可以大致理解下面的简单代码块，它是上述 while 循环的另一种形式，你可以在使用列表时用到：

```
lst  = [1,2,3,4]

while lst:
  print('list:',lst)
  print('item:',lst.pop())
```

上述的 while 代码段在 lst 变量为空的时候终止循环，它不需要显式地检查列表是否为空。它的输出如下所示：

```
list: [1, 2, 3, 4]
item: 4
list: [1, 2, 3]
item: 3
list: [1, 2]
item: 2
list: [1]
item: 1
```

至此我们总结了如何通过 split() 函数处理文本字符串中的单词和字符。

1. 使用 while 循环寻找一个数的因数

清单 2.10 的代码通过 while 循环、条件逻辑和 %（取模）运算符来寻找一个大于 1 的任意整数的因数。

清单 2.10　Divisors.py

```
def divisors(num):
  div = 2

  while(num > 1):
    if(num % div == 0):
      print("divisor: ", div)
      num = num / div
    else:
      div = div + 1
  print("** finished **")

divisors(12)
```

清单 2.10 定义一个函数 divisors()，用整数 num 作为入参，并初始化变量 div 值为 2。在 while 循环里，当 num 除以 div 的余数为 0 的时候就打印 div 的值并用 num 除以 div，如果余数不为 0 就把 div 加 1。只要 num 大于 1，while 循环就一直运行。

当 divisors() 函数的传递入参为 12 时，它的输出如下所示：

```
divisor:  2
divisor:  2
divisor:  3
** finished **
```

清单 2.11 的 Divisors2.py 也是通过 while 循环、条件逻辑和 %（取模）运算符来寻找一个大于 1 的任意整数的因数。

清单 2.11　Divisors2.py

```
def divisors(num):
  primes = ""
  div = 2

  while(num > 1):
    if(num % div == 0):
      divList = divList + str(div) + ' '
      num = num / div
    else:
      div = div + 1
  return divList

result = divisors(12)
print('The divisors of',12,'are:',result)
```

清单 2.11 的代码与清单 2.10 大部分相同，主要区别是清单 2.11 在 while 循环中构造了变量 divList（它是一串因数的列表），然后在 while 循环完成时返回 divList 的值。清单 2.11 的输出如下所示：

```
The divisors of 12 are: 2 2 3
```

2. 通过 while 循环寻找素数

清单 2.12 的 Divisor3.py 通过 while 循环、条件逻辑和 %（取模）运算符来计算一个大于 1 的任意整数的素数个数。如果一个数只有一个因数（该因数大于 1），那么这个数就是一个素数。

清单 2.12　Divisor3.py

```
def divisors(num):
  count = 1
  div = 2
  while(div < num):
    if(num % div == 0):
      count = count + 1
    div = div + 1
  return count

result = divisors(12)

if(result == 1):
  print('12 is prime')
else:
  print('12 is not prime')
```

2.4　Python 中的用户自定义函数

Python 除了提供内置函数之外，也允许用户自定义函数。你可以通过自定义函数来实现所需的功能。下面是 Python 中定义函数的简单规则：

- 函数代码块以关键字 def 开头，后面跟随函数名和括号。
- 任何输入参数都应放到括号内。
- 函数体的第一行语句是可选的语句——函数的文档字符串，或者称为 docstring。
- 每个函数的代码块都以冒号（:）开头，并且缩进。
- 语句 return [expression] 退出一个函数，并可选地返回一个表达式给调用者。不带参数的 return 语句等同于返回 None。
- 如果一个函数没有指定返回语句，那么这个函数自动返回 None，这是 Python 中的一种特殊类型的值。

这里有一个非常简单的自定义 Python 函数：

```
>>> def func():
...   print 3
...
>>> func()
3
```

上述示例虽然简单，但说明了 Python 中自定义函数的语法。下面的示例更实用一些：

```
>>> def func(x):
...   for i in range(0,x):
...     print(i)
...
>>> func(5)
```

```
0
1
2
3
4
```

2.4.1 在函数中设定默认值

清单 2.13 的 DefaultValues.py 说明了如何在函数中设定默认值。

清单 2.13 DefaultValues.py

```
def numberFunc(a, b=10):
  print (a,b)

def stringFunc(a, b='xyz'):
  print (a,b)

def collectionFunc(a, b=None):
  if(b is None):
     print('No value assigned to b')

numberFunc(3)
stringFunc('one')
collectionFunc([1,2,3])
```

清单 2.13 定义了三个函数并对每个函数进行调用。函数 numberFunc() 和 stringFunc() 打印它们的两个形参值，函数 collectionFunc() 在第二个形参为 None 的时候输出一段信息。清单 2.13 的输出如下所示：

```
(3, 10)
('one', 'xyz')
No value assigned to b
```

清单 2.14 的 MultipleValues.py 说明了如何在函数中返回多个值。

清单 2.14 MultipleValues.py

```
def MultipleValues():
    return 'a', 'b', 'c'

x, y, z = MultipleValues()

print('x:',x)
print('y:',y)
print('z:',z)
```

清单 2.14 的输出如下所示：

```
x: a
y: b
z: c
```

2.4.2 具有可变参数的函数

Python 允许你定义参数数量可变的函数。此功能在许多情形下应用，比如计算一组数的和、平均值、乘积。例如，下面的代码块计算两个数的和：

```
def sum(a, b):
    return a + b

values = (1, 2)
s1 = sum(*values)
print('s1 = ', s1)
```

上述代码的输出如下所示：

```
s1 =  3
```

然而，上述求和代码块只能计算两个数的和。

清单 2.15 的 VariableSum1.py 说明了如何对一组可变数量的数字求和。

清单 2.15　VariableSum1.py

```
def sum(*values):
  sum = 0
  for x in values:
    sum = sum + x
  return sum

values1 = (1, 2)
s1 = sum(*values1)
print('s1 = ',s1)

values2 = (1, 2, 3, 4)
s2 = sum(*values2)
print('s2 = ',s2)
```

清单 2.15 定义的 sum 函数的形参值可以是任意数字列表。函数的下一部分初始化 sum 为 0，然后通过一个 for 循环遍历 values 中的值并累加到变量 sum 中。sum() 函数的最后一行代码返回变量 sum 的值。清单 2.15 的输出如下所示：

```
s1 =  3
s2 =  10
```

2.4.3　lambda 表达式

清单 2.16 的 Lambda1.py 说明了在 Python 中如何创建 lambda 函数。

清单 2.16　Lambda1.py

```
add = lambda x, y: x + y

x1 = add(5,7)
x2 = add('Hello', 'Python')

print(x1)
print(x2)
```

清单 2.16 定义了一个 lambda 表达式 add，它接受两个形参并返回它们的和（对数字来说）或者它们的连接（对字符串来说）。

清单 2.16 的输出如下所示：

```
12
HelloPython
```

2.5 递归

递归是一种强大的技术，可以为各种问题提供优雅的解决方案。下面将介绍几个广为人知的问题，并通过递归来计算它们。

2.5.1 计算阶乘值

一个正整数 n 的阶乘等于从 1 到 n 的所有整数的乘积。阶乘用感叹号（!）来表示，下面是几个数字的阶乘值：

```
1! = 1
2! = 2
3! = 6
4! = 20
5! = 120
```

阶乘公式的简洁定义如下所示：

```
Factorial(n) = n*Factorial(n-1) for n > 0 and
Factorial(0) = 1
```

清单 2.17 的 Factorial.py 说明了如何通过递归计算一个正整数的阶乘。

清单 2.17　Factorial.py

```
def factorial(num):
  if (num > 1):
    return num * factorial(num-1)
  else:
    return 1

result = factorial(5)
print('The factorial of 5 =', result)
```

清单 2.17 包含一个函数 factorial，它实现用递归方式计算一个数字的阶乘值。清单 2.17 的输出如下所示：

```
The factorial of 5 = 120
```

除了递归方式之外，还可以用迭代的方式计算数字的阶乘值。清单 2.18 的 Factorial2.py 说明了如何使用 range() 函数来计算一个正整数的阶乘值。

清单 2.18　Factorial2.py

```
def factorial2(num):
  prod = 1
  for x in range(1,num+1):
    prod = prod * x
```

```
  return prod

result = factorial2(5)
print 'The factorial of 5 =', result
```

清单2.18定义一个函数factorial2()，接受一个形参num，并初始化变量prod为1。factorial2()之后是一个循环变量为x，并且值为从1到num+1的for循环。循环中的每个迭代用x的值乘以prod，由此计算num的阶乘值。清单2.18的输出如下所示：

```
The factorial of 5 = 120
```

2.5.2　计算斐波那契数

斐波那契数代表了自然界中一些有趣的模式（比如向日葵模式），它的递归定义如下：

```
Fib(0)  = 0
Fib(1)  = 1
Fib(n)  = Fib(n-1)  + Fib(n-2)  for n >= 2
```

清单2.19的fib.py说明了如何计算斐波那契数。

清单2.19　fib.py

```
def fib(num):
  if (num == 0):
    return 1
  elif (num == 1):
    return 1
  else:
    return fib(num-1)  + fib(num-2)

result = fib(10)
print('Fibonacci value of 5 =', result)
```

清单2.19的代码定义一个函数fib()，接受一个形参num。当num为0或1的时候，fib()返回num；否则，fib()返回fib(num-1)和fib(num-2)之和。清单2.19的输出如下所示：

```
Fibonacci value of 10 = 89
```

2.5.3　计算两个数的最大公约数

两个正整数的最大公约数（GCD）是指可以整除两个数的最大整数。比如：

```
gcd(6,2)    = 2
gcd(10,4)   = 2
gcd(24,16)  = 8
```

清单2.20通过递归和欧几里得算法来查找两个数的最大公约数。

清单2.20　gcd.py

```
def gcd(num1, num2):
  if(num1 % num2 == 0):
```

```
        return num2
      elif (num1 < num2):
        print("switching ", num1, " and ", num2)
        return gcd(num2, num1)
      else:
        print("reducing", num1, " and ", num2)
        return gcd(num1-num2, num2)

    result = gcd(24, 10)
    print("GCD of", 24, "and", 10, "=", result)
```

清单 2.20 定义一个函数 gcd()，接受两个形参 num1 和 num2。如果 num1 可以被 num2 整除就返回 num2。如果 num1 小于 num2，则调换 num1 和 num2 两个形参的位置调用 gcd()；否则，就用 num1-num2 和 num2 作为形参调用 gcd()。清单 2.20 的输出如下所示：

```
reducing 24  and  10
reducing 14  and  10
switching  4  and  10
reducing 10  and  4
reducing 6  and  4
switching  2  and  4
GCD of 24 and 10 = 2
```

2.5.4　计算两个数的最小公倍数

两个正整数的最小公倍数（LCM）是两个数的倍数的最小整数。比如：

```
lcm(6,2)   = 2
lcm(10,4)  = 20
lcm(24,16) = 48
```

通常，两个正整数 x 和 y，你可以按如下所示计算它们的最小公倍数：

```
lcm(x,y) = x*y/gcd(x,y)
```

清单 2.21 的代码使用前面定义的 gcd() 函数来计算两个正整数的最小公倍数。

清单 2.21　lcm.py

```
def gcd(num1, num2):
  if(num1 % num2 == 0):
    return num2
  elif (num1 < num2):
   #print("switching ", num1, " and ", num2)
    return gcd(num2, num1)
  else:
   #print("reducing", num1, " and ", num2)
    return gcd(num1-num2, num2)

def lcm(num1, num2):
  gcd1 = gcd(num1, num2)
  lcm1 = num1*num2/gcd1
  return lcm1

result = lcm(24, 10)
print("The LCM of", 24, "and", 10, "=", result)
```

清单 2.21 先定义一个前面讨论过的 `gcd()` 函数，之后定义一个 `lcm()` 函数接受两个形参 `num1` 和 `num2`。`lcm()` 的第一行使用 `gcd()` 计算 `num1` 和 `num2` 的最大公约数 `gcd1`，第二行计算最小公倍数。最后输出 `lcm1` 的值。清单 2.21 的输出如下所示：

```
The LCM of 24 and 10 = 120
```

2.6 小结

本章介绍了如何使用条件逻辑，例如 `if/elif` 语句，以及 Python 中如何使用循环，包括 `for` 和 `while` 循环。你已经学会各种数值计算，比如一对数字的 GCD（最大公约数）和 LCM(最小公倍数)，以及如何判断素数。

CHAPTER 3

第 3 章

Python 数据类型

在第 1 章和第 2 章中，你学习了如何使用数字和字符串，以及 Python 中的控制结构。本章将讨论 Python 中的内置容器类型，例如列表（或数组）、集合、元组和字典。你将看到许多简短的代码块，这些代码块可以帮助你快速学习如何在 Python 中使用这些数据结构。阅读本章后，你可以使用一个或多个数据结构来创建更复杂的 Python 模块。

3.1 节讨论 Python 列表，并展示一些代码示例，说明可用于操作列表的各种方法。3.2 节讨论 Python 元组。3.3 节讨论 Python 集合。3.4 节讨论 Python 字典。

3.1 列表

Python 支持列表数据类型，以及丰富的列表相关功能。由于列表不需要统一数据类型，所以你可以创建不同数据类型的列表，以及多维列表。接下来的几节将展示如何在 Python 中操作列表结构。

3.1.1 列表和基本操作

Python 列表由一对方括号括起来的逗号分隔值（comma-separated value）组成。以下示例说明了在 Python 中定义列表的语法，以及如何对 Python 列表执行各种操作：

```
>>> list = [1, 2, 3, 4, 5]
>>> list
[1, 2, 3, 4, 5]
>>> list[2]
3
>>> list2 = list + [1, 2, 3, 4, 5]
>>> list2
[1, 2, 3, 4, 5, 1, 2, 3, 4, 5]
>>> list2.append(6)
>>> list2
[1, 2, 3, 4, 5, 1, 2, 3, 4, 5, 6]
```

```
>>> len(list)
5
>>> x = ['a', 'b', 'c']
>>> y = [1, 2, 3]
>>> z = [x, y]
>>> z[0]
['a', 'b', 'c']
>>> len(x)
3
```

你可以将多个变量分配给一个列表，前提是变量的数量和类型要与列表结构匹配。举个例子：

```
>>> point = [7,8]
>>> x,y = point
>>> x
7
>>> y
8
```

以下示例说明了如何在更复杂的数据结构中给变量赋值：

```
>>> line = ['a', 10, 20, (2020,10,31)]
>>> x1,x2,x3,date1 = line
>>> x1
'a'
>>> x2
10
>>> x3
20
>>> date1
(2020, 10, 31)
```

如果要获取上述代码块中 date1 元素的年 / 月 / 日组成部分，可进行如下操作：

```
>>> line = ['a', 10, 20, (2020,10,31)]
>>> x1,x2,x3,(year,month,day) = line
>>> x1
'a'
>>> x2
10
>>> x3
20
>>> year
2020
>>> month
10
>>> day
31
```

如果变量的数量和 / 或结构与数据不匹配，则会显示一条错误消息，如下所示：

```
>>> point = (1,2)
>>> x,y,z = point
Traceback (most recent call last):
  File "<stdin>", line 1, in <module>
ValueError: need more than 2 values to unpack
```

如果指定的变量数少于数据的项数，你将看到一条错误消息，如下所示：

```
>>> line = ['a', 10, 20, (2014,01,31)]
>>> x1,x2 = line
Traceback (most recent call last):
  File "<stdin>", line 1, in <module>
ValueError: too many values to unpack
```

1. 反转和排序列表

Python 的 `reverse()` 方法可反转列表的内容，如下所示：

```
>>> a = [4, 1, 2, 3]
>>> a.reverse()
[3, 2, 1, 4]
```

Python 的 `sort()` 方法可对列表进行排序：

```
>>> a = [4, 1, 2, 3]
>>> a.sort()

[1, 2, 3, 4]
```

你可以对列表进行排序，然后反转其内容，如下所示：

```
>>> a = [4, 1, 2, 3]
>>> a.reverse(a.sort())
[4, 3, 2, 1]
```

另一种反转列表的方法如下所示：

```
>>> L = [0,10,20,40]
>>> L[::-1]
[40, 20, 10, 0]
```

需要牢记的是，`reversed(array)` 是可迭代的，而且它并不是列表。但以下代码片段可以将一个反转的数组转换为列表：

```
list(reversed(array)) or L[::-1]
```

清单 3.1 包含一个 `while` 循环，其逻辑与前面介绍的列表相反：如果 `num` 可被多个数字整除（每个数字都严格小于 `num`），则 `num` 不是素数。

清单 3.1　Uppercase1.py

```
list1 = ['a', 'list', 'of', 'words']
list2 = [s.upper() for s in list1]
list3 = [s for s in list1 if len(s) <=2 ]
list4 = [s for s in list1 if 'w' in s ]

print('list1:',list1)
print('list2:',list2)
print('list3:',list3)
print('list4:',list4)
```

清单 3.1 的输出如下所示：

```
list1: ['a', 'list', 'of', 'words']
list2: ['A', 'LIST', 'OF', 'WORDS']
list3: ['a', 'of']
list4: ['words']
```

排序的数字列表中，第一个数字是最小值。如果反转排序列表，则第一个数字是最大值。以下代码说明了有很多方法可以反转列表：

```
x = [3,1,2,4]
maxList = x.sort()
minList = x.sort(x.reverse())

min1 = min(x)
max1 = max(x)
print min1
print max1
```

上述代码块的输出如下所示：

```
1
4
```

第二种（更好的）方法对列表进行排序：

```
minList = x.sort(reverse=True)
```

第三种列表排序方法涉及 sort() 方法的内置函数：

```
sorted(x, reverse=True)
```

当你不想修改列表的原始顺序，或者想在一行上编写多个列表操作时，上述代码非常有用。

2. 过滤列表

Python 可以过滤一个列表（也称作列表解析），如下所示：

```
mylist = [1, -2, 3, -5, 6, -7, 8]
pos = [n for n in mylist if n > 0]
neg = [n for n in mylist if n < 0]

print pos
print neg
```

你也可以在过滤器中指定 if/else 逻辑，如下所示：

```
mylist = [1, -2, 3, -5, 6, -7, 8]
negativeList = [n if n < 0 else 0 for n in mylist]
positiveList = [n if n > 0 else 0 for n in mylist]

print positiveList
print negativeList
```

上述代码块的输出如下所示：

```
[1, 3, 6, 8]
[-2, -5, -7]
[1, 0, 3, 0, 6, 0, 8]
[0, -2, 0, -5, 0, -7, 0]
```

3. 数字和字符串的排序列表

清单 3.2 的 Sorted1.py 脚本用于判断两个列表是否为排序列表。

清单 3.2 Sorted1.py

```
list1 = [1,2,3,4,5]
list2 = [2,1,3,4,5]

sort1 = sorted(list1)
sort2 = sorted(list2)

if(list1 == sort1):
  print(list1,'is sorted')
else:
  print(list1,'is not sorted')

if(list2 == sort2):
  print(list2,'is sorted')
else:
  print(list2,'is not sorted')
```

清单 3.2 首先对列表 list1 和 list2 进行初始化，并分别基于列表 list1 和 list2 生成排序列表 sort1 和 sort2。如果 list1 等于 sort1，则 list1 已被排序；同样，如果 list2 等于 sort2，则 list2 已被排序。

清单 3.2 的输出如下所示：

```
[1, 2, 3, 4, 5] is sorted
[2, 1, 3, 4, 5] is not sorted
```

请注意，如果对字符串列表进行排序，输出结果是区分大小写的，大写字母出现在小写字母之前。这是因为 ASCII 的核对顺序把大写字母（十进制 65 到十进制 91）放在小写字母（十进制 97 到十进制 127）之前。下例示例可具体解释说明：

```
>>> list1 = ['a', 'A', 'b', 'B', 'Z']
>>> print sorted(list1)
['A', 'B', 'Z', 'a', 'b']
```

你还可以设定反转选项，用反向的顺序对列表进行排序：

```
>>> list1 = ['a', 'A', 'b', 'B', 'Z']
>>> print sorted(list1, reverse=True)
['b', 'a', 'Z', 'B', 'A']
```

你甚至可以根据列表中每一项的长度对列表进行排序：

```
>>> list1 = ['a', 'AA', 'bbb', 'BBBBB', 'ZZZZZZZ']
>>> print sorted(list1, key=len)
['a', 'AA', 'bbb', 'BBBBB', 'ZZZZZZZ']
>>> print sorted(list1, key=len, reverse=True)
['ZZZZZZZ', 'BBBBB', 'bbb', 'AA', 'a']
```

如果想要在排序操作中将大写字母视为小写字母，可以设定 str.lower，如下所示：

```
>>> print sorted(list1, key=str.lower)
['a', 'AA', 'bbb', 'BBBBB', 'ZZZZZZZ']
```

4. Python 中的冒泡排序

前面的示例说明了如何使用 `sort()` 函数对数字列表进行排序。但有时需要在 Python 中实现其他类型的排序。清单 3.3 的 `BubbleSort.py` 说明了如何在 Python 中实现冒泡排序。

清单 3.3 BubbleSort.py

```
list1 = [1, 5, 3, 4]

print("Initial list:",list1)

for i in range(0,len(list1)-1):
  for j in range(i+1,len(list1)):
    if(list1[i] > list1[j]):
      temp = list1[i]
      list1[i] = list1[j]
      list1[j] = temp

print("Sorted list: ",list1)
```

清单 3.3 的输出结果如下所示：

```
Initial list: [1, 5, 3, 4]
Sorted list:  [1, 3, 4, 5]
```

3.1.2 列表中的表达式

以下构造类似 `for` 循环，但这个循环末尾没有冒号“:”字符：

```
nums = [1, 2, 3, 4]
cubes = [ n*n*n for n in nums ]

print 'nums: ',nums
print 'cubes:',cubes
The output from the preceding code block is here:
nums:  [1, 2, 3, 4]
cubes: [1, 8, 27, 64]
```

3.1.3 连接字符串列表

Python 提供了 `join()` 方法来连接文本字符串，如下所示：

```
>>> parts = ['Is', 'SF', 'In', 'California?']
>>> ' '.join(parts)
'Is SF In California?'
>>> ','.join(parts)
'Is,SF,In,California?'
>>> ''.join(parts)

'IsSFInCalifornia?'
```

有很多方法可以连接一组字符串，然后打印结果。下面这种是效率最低的方法：

```
print "This" + " is" + " a" + " sentence"
```

以下两种都是更佳的方法：

```
print "%s %s %s %s" % ("This", "is", "a", "sentence")
print " ".join(["This","is","a","sentence"])
```

3.1.4 Python 中的 range() 函数

本节你将了解 Python 中可用于遍历列表的 range() 函数，如下所示：

```
>>> for i in range(0,5):
...   print i
...
0
1
2
3
4
```

你可以使用 for 循环遍历字符串列表，如下所示：

```
>>> x
['a', 'b', 'c']
>>> for w in x:
...   print w
...
a
b
c
```

你可以使用 for 循环遍历字符串列表，并显示更多详细信息，如下所示：

```
>>> x
['a', 'b', 'c']
>>> for w in x:
...   print len(w), w
...
1 a
1 b
1 c
```

上面的输出结果显示列表 x 中每个字符串的长度，后跟字符串文本内容。

对数字、大写和小写字母计数

清单 3.4 的 CountCharTypes.py 脚本对字符串中数字和字母进行计数。

清单 3.4　Counter1.py

```
str1 = "abc4234AFde"
digitCount = 0
alphaCount = 0
upperCount = 0
lowerCount = 0

for i in range(0,len(str1)):
  char = str1[i]
  if(char.isdigit()):
   #print("this is a digit:",char)
    digitCount += 1
```

```
      alphaCount += 1
    elif(char.isalpha()):
     #print("this is alphabetic:",char)
      alphaCount  += 1
      if(char.upper() == char):
        upperCount  += 1
      else:
        lowerCount  += 1

print('Original String:   ',str1)
print('Number of digits:  ',digitCount)
print('Total alphanumeric:',alphaCount)
print('Upper Case Count:  ',upperCount)
print('Lower Case Count:  ',lowerCount)
```

清单 3.4 初始化了与计数器相关的变量，后跟一个循环（其中循环变量设为 i），从 0 迭代到字符串 str1 的长度。用字符串 str1 索引 i 位置上的字母来初始化变量 char。循环的下一部分使用条件逻辑来确定 char 是数字还是字母字符。在后一种情况下（即字母字符时），代码会检查字符是大写还是小写。但不论怎样，相应的计数器变量的值都会增加。

清单 3.4 的输出结果如下所示：

```
Original String:    abc4234AFde
Number of digits:   4
Total alphanumeric: 11
Upper Case Count:   2
Lower Case Count:   5
```

3.1.5　数组和 append() 函数

Python 有一个数组类型（import array），本质上是一个异构列表。但是除了略微节省内存使用之外，该数组类型与列表类型相比没有任何优势。你也可以定义异构数组：

```
a = [10, 'hello', [5, '77']]
```

你可以将新元素追加至一个列表中：

```
>>> a = [10, 'hello', [5, '77']]
>>> a[2].append('abc')
>>> a
[10, 'hello', [5, '77', 'abc']]
```

你可以将简单的变量赋值给列表中的元素，如下所示：

```
myList = [ 'a', 'b', 91.1, (2014, 01, 31) ]
x1, x2, x3, x4 = myList
print 'x1:',x1
print 'x2:',x2
print 'x3:',x3
print 'x4:',x4
```

上述代码的输出如下所示：

```
x1: a
x2: b
x3: 91.1
x4: (2014, 1, 31)
```

Python 中 split() 函数比前面的示例更便捷（尤其是在元素数未知或可变的情况下），你将在下一节看到 split() 函数的示例。

3.1.6 使用列表和 split() 函数

你可以使用 Python 的 split() 函数拆分文本字符串中的单词，并用这些单词填充一个列表，示例如下：

```
>>> x = "this is a string"
>>> list = x.split()
>>> list
['this', 'is', 'a', 'string']
```

打印文本字符串中单词列表的一个简易方法如下所示：

```
>>> x = "this is a string"
>>> for w in x.split():
...   print w
...
this
is
a
string
```

你可以按以下方法搜索字符串中的单词：

```
>>> x = "this is a string"
>>> for w in x.split():
...   if(w == 'this'):
...     print "x contains this"
...
x contains this
...
```

3.1.7 对列表中的单词计数

Python 提供了 Counter 类，可以对列表中的单词进行计数。清单 3.5 的 CountWord2.py 说明了如何计算出现频率最高的前三个单词。

清单 3.5 CountWord2.py

```
from collections import Counter

mywords = ['a', 'b', 'a', 'b', 'c', 'a', 'd', 'e',
'f', 'b']

word_counts = Counter(mywords)
topThree = word_counts.most_common(3)
print(topThree)
```

清单 3.5 用一组字符初始化 mywords 变量，然后将 mywords 作为参数传递给 Counter 来初始化 word_counts 变量。topThree 变量是一个数组，包含了 mywords 中的三个出现次数最多的字符（及其出现的次数）。清单 3.5 的输出如下：

```
[('a', 3), ('b', 3), ('c', 1)]
```

3.1.8 遍历成对的列表

Python 支持成对的列表操作，这意味着可以执行类似于向量的操作。以下代码片段将每个列表元素乘以 3：

```
>>> list1 = [1, 2, 3]
>>> [3*x for x in list1]
[3, 6, 9]
```

创建一个新列表，包含原始元素，以及原始元素乘以 3 的值：

```
>>> list1 = [1, 2, 3]
>>> [[x, 3*x] for x in list1]
[[1, 3], [2, 6], [3, 9]]
```

计算两个列表中每对数字的乘积：

```
>>> list1 = [1, 2, 3]
>>> list2 = [5, 6, 7]
>>> [a*b for a in list1 for b in list2]
[5, 6, 7, 10, 12, 14, 15, 18, 21]
```

计算两个列表中每对数字的总和：

```
>>> list1 = [1, 2, 3]
>>> list2 = [5, 6, 7]
>>> [a+b for a in list1 for b in list2]
[6, 7, 8, 7, 8, 9, 8, 9, 10]
```

计算两个列表的每对元素的乘积：

```
>>> [list1[i]*list2[i] for i in range(len(list1))]
[8, 12, -54]
```

3.1.9 其他与列表相关的函数

Python 还提供了其他与列表相关的函数，例如 append()、insert()、delete()、pop() 和 extend()。Python 中也支持 index()、count()、sort() 和 reverse() 函数。以下代码块说明了这些函数。

定义一个 Python 列表（允许数字重复）：

```
>>> a = [1, 2, 3, 2, 4, 2, 5]
```

显示 1 和 2 的出现次数：

```
>>> print a.count(1), a.count(2)
1 3
```

在位置 3 处插入 –8：

```
>>> a.insert(3,-8)
>>> a
[1, 2, 3, -8, 2, 4, 2, 5]
```

从例表中删除 3：

```
>>> a.remove(3)
>>> a
[1, 2, -8, 2, 4, 2, 5]
```

从例表中删除 1：

```
>>> a.remove(1)
>>> a
[2, -8, 2, 4, 2, 5]
```

将 19 添加至列表：

```
>>> a.append(19)
>>> a
[2, -8, 2, 4, 2, 5, 19]
```

打印列表中 19 的索引：

```
>>> a.index(19)
6
```

对列表进行反转：

```
>>> a.reverse()
>>> a
[19, 5, 2, 4, 2, -8, 2]
```

对列表进行排序：

```
>>> a.sort()
>>> a
[-8, 2, 2, 2, 4, 5, 19]
```

用列表 b 扩展列表 a：

```
>>> b = [100,200,300]
>>> a.extend(b)
>>> a
[-8, 2, 2, 2, 4, 5, 19, 100, 200, 300]
```

从列表中删除第一个 2：

```
>>> a.pop(2)
2
>>> a
[-8, 2, 2, 4, 5, 19, 100, 200, 300]
```

删除列表的最后一项：

```
>>> a.pop()
300
>>> a
[-8, 2, 2, 4, 5, 19, 100, 200]
```

现在你已经了解与列表相关的操作，下一节将介绍如何将 Python 列表用作栈。

3.1.10 栈和队列

栈是一种 LIFO（Last In First Out，后进先出）的数据结构，其具有 push() 和 pop() 函数，分别用于添加和删除元素。栈中最新添加的元素位于顶部，因此是被删除的第一个元素。

以下代码说明了如何在 Python 中创建栈，以及从栈中删除和添加元素。创建一个 Python 列表（我们将其用作栈）：

```
>>> s = [1,2,3,4]
```

将 5 添加到栈：

```
>>> s.append(5)
>>> s
[1, 2, 3, 4, 5]
```

从栈中删除最后一个元素：

```
>>> s.pop()
5
>>> s
[1, 2, 3, 4]
```

队列是 FIFO（First In First Out，先进先出）的数据结构，其具有 insert() 和 pop() 函数，分别用于插入和删除元素。队列中最新添加的元素位于顶部，因此是被删除的最后一个元素。将新元素添加到已满的队列时，会删除队列中最早的元素。

以下代码说明了如何在 Python 中创建队列，以及如何将元素插入和追加到队列中。

创建一个 Python 列表（我们将其用作队列）：

```
>>> q = [1,2,3,4]
```

在队列的开头插入 5：

```
>>> q.insert(0,5)
>>> q
[5, 1, 2, 3, 4]
```

从队列中删除最后一个元素：

```
>>> q.pop(0)
1
>>> q
[5, 2, 3, 4]
```

上面的代码使用 q.insert(0,5) 在开头插入元素，并使用 q.pop() 从末端删除元素。但要牢记的是，Python 中 insert() 操作很慢，如果在位置 0 执行插入，需要将基础数组中的所有元素向下复制一个位置。因此可以将 collections.deque 与 coll.appendleft()、coll.pop() 一起使用，其中 coll 是 Collection 类的代表。

前面，你已经学习了如何利用 Python 列表来模拟队列。但是 Python 中也有一个队列对象。以下代码片段说明了如何在 Python 中使用队列。

```
>>> from collections import deque
>>> q = deque('',maxlen=10)
>>> for i in range(10,20):
...     q.append(i)
...
>>> print q
deque([10, 11, 12, 13, 14, 15, 16, 17, 18, 19],
maxlen=10)
```

下一节将介绍如何在 Python 中处理向量。

3.1.11　使用向量

向量是一维的数组，基于向量的操作包括加、减、内积等。清单 3.6 的 MyVectors.py 说明了如何执行基于向量的操作。

清单 3.6　MyVectors.py

```
v1 = [1,2,3]
v2 = [1,2,3]
v3 = [5,5,5]

s1 = [0,0,0]
d1 = [0,0,0]
p1 = 0

print("Initial Vectors"
print('v1:',v1)
print('v2:',v2)
print('v3:',v3)

for i in range(len(v1)):
    d1[i] = v3[i] - v2[i]
    s1[i] = v3[i] + v2[i]
    p1    = v3[i] * v2[i] + p1

print("After operations")
print('d1:',d1)
print('s1:',s1)
print('p1:',p1)
```

清单 3.6 首先定义三个列表，每个列表代表一个向量。列表 d1 和 s1 分别表示 v3 与 v2 之差、v3 与 v2 之和。p1 代表 v3 和 v2 的“内积”（也称为“点积”）。清单 3.6 的输出如下：

```
Initial Vectors
v1: [1, 2, 3]
```

```
v2: [1, 2, 3]
v3: [5, 5, 5]
After operations
d1: [4, 3, 2]
s1: [6, 7, 8]
p1: 30
```

3.1.12 使用矩阵

二维矩阵即为二维数组中的值，因此创建一个矩阵是非常方便的。举个例子，下面的代码块说明了如何获得二维矩阵中的元素：

```
mm = [["a","b","c"],["d","e","f"],["g","h","i"]];
print 'mm:       ',mm
print 'mm[0]:    ',mm[0]
print 'mm[0][1]:',mm[0][1]
```

上述代码的输出结果如下：

```
mm:       [['a', 'b', 'c'], ['d', 'e', 'f'], ['g', 'h',
'i']]
mm[0]:    ['a', 'b', 'c']
mm[0][1]: b
```

清单 3.7 的 `My2DMatrix.py` 说明了如何创建和填充二维矩阵。

清单 3.7 My2DMatrix.py

```
rows = 3
cols = 3

my2DMatrix = [[0 for i in range(rows)] for j in
range(rows)]
print('Before:',my2DMatrix)

for row in range(rows):
  for col in range(cols):
    my2DMatrix[row][col] = row*row+col*col
print('After: ',my2DMatrix)
```

清单 3.7 首先初始化两个变量 `rows` 和 `cols`，然后用 `rows` x `cols` 得到矩阵 `my2DMatrix`，其初始值为 0。清单 3.7 的下一部分包含一个嵌套循环，把位置为 (`row,col`) 的 `my2DMatrix` 元素赋值为 `row*row+col*col`。清单 3.7 中的最后一行代码打印了 `my2DArray` 的内容。清单 3.7 的输出如下：

```
Before: [[0, 0, 0], [0, 0, 0], [0, 0, 0]]
After:  [[0, 1, 4], [1, 2, 5], [4, 5, 8]]
```

3.1.13 使用 NumPy 库处理矩阵

`NumPy` 库（可以通过 `pip` 安装）支持矩阵对象，可以处理 Python 中的矩阵。以下示例说明了 `NumPy` 的一些特性。

初始化矩阵 m，然后显示其内容：

```
>>> import numpy as np
>>> m = np.matrix([[1,-2,3],[0,4,5],[7,8,-9]])
>>> m
matrix([[ 1, -2,  3],
        [ 0,  4,  5],
        [ 7,  8, -9]])
```

下面的代码片段返回矩阵 m 的转置：

```
>>> m.T
matrix([[ 1,  0,  7],
        [-2,  4,  8],
        [ 3,  5, -9]])
```

下面的代码片段返回矩阵 m 的逆（如果存在）：

```
>>> m.I
matrix([[ 0.33043478, -0.02608696,  0.09565217],
        [-0.15217391,  0.13043478,  0.02173913],
        [ 0.12173913,  0.09565217, -0.0173913 ]])
```

下面的代码片段定义向量 y，然后计算乘积 m*v：

```
>>> v = np.matrix([[2],[3],[4]])
>>> v
matrix([[2],[3],[4]])
>>> m * v
matrix([[ 8],[32],[ 2]])
```

下面的代码片段导入 numpy.linalg 子包，然后计算矩阵 m 的行列式：

```
>>> import numpy.linalg
>>> numpy.linalg.det(m)
-229.99999999999983
```

下面的代码片段查找矩阵 m 的特征值：

```
>>> numpy.linalg.eigvals(m)
array([-13.11474312,  2.75956154,  6.35518158])
```

下面的代码片段查找方程 m*x=v 的解：

```
>>> x = numpy.linalg.solve(m, v)
>>> x
matrix([[ 0.96521739],
        [ 0.17391304],
        [ 0.46086957]])
```

除了上述示例之外，NumPy 包还提供了其他功能，你可以在网上搜索相关文章和教程来了解这些功能。

3.2　元组（不可变列表）

Python 支持一种称为*元组*的数据类型，由逗号分隔值组成，不带任何括号（方括号用于列表，圆括号用于数组，花括号用于字典)。Python 元组的各种示例请见如下网址：

https://docs.python.org/3.6/tutorial/datastructures.html#tuples-and-sequences

以下代码说明了如何在 Python 中创建一个元组，以及从现有数据类型中创建新元组。

定义 Python 元组 t：

```
>>> t = 1,'a', 2,'hello',3
>>> t
(1, 'a', 2, 'hello', 3)
```

显示 t 的第一个元素：

```
>>> t[0]
1
```

创建一个包含 10、11 和 t 的元组 v：

```
>>> v = 10,11,t
>>> v
(10, 11, (1, 'a', 2, 'hello', 3))
```

尝试修改 t 的元素 (t 是不可变的)：

```
>>> t[0] = 1000
Traceback (most recent call last):
  File "<stdin>", line 1, in <module>
TypeError: 'tuple' object does not support item
assignment
```

Python 的“数据去重”非常有用，因为从集合中删除重复项后，可得到一个列表，如下所示：

```
>>> lst = list(set(lst))
```

注意：“in”运算符在搜索列表时为 O(n)，而集合则为 O(1)。

下一节将要讨论 Python 集合。

3.3 集合

Python 中的集合是无序集合，不包含重复元素。使用花括号或 set() 函数都可创建集合。集合对象支持集合的基本操作，例如并集、交集和差集。

注意：set() 是创建空集合所必需的，因为 {} 创建的是一个空字典。

以下代码说明了如何对一个 Python 集合进行操作。

创建一个包含元素的列表：

```
>>> l = ['a', 'b', 'a', 'c']
```

从上述列表中创建一个集合：

```
>>> s = set(l)
>>> s
set(['a', 'c', 'b'])
```

检查某个元素是否在集合中：

```
>>> 'a' in s
True
>>> 'd' in s
False
>>>
```

从字符串中创建一个集合：

```
>>> n = set('abacad')
>>> n
set(['a', 'c', 'b', 'd'])
>>>
```

从 s 中减去 n：

```
>>> s - n
set([])
```

从 n 中减去 s：

```
>>> n - s
set(['d'])
>>>
```

s 和 n 的并集：

```
>>> s | n
set(['a', 'c', 'b', 'd'])
```

s 和 n 的交集：

```
>>> s & n
set(['a', 'c', 'b'])
```

s 和 n 的异或：

```
>>> s ^ n
set(['d'])
```

下一节将介绍如何使用 Python 字典。

3.4 字典

Python 中有一种键 / 值结构的散列表称为 “dict”（字典）。Python 字典（通常是散列表形式）可以在恒定时间内检索键的值，不论字典中的条目数如何（对集合来说也是如此）。你可以将集合视为 dict 实现的键（而不是值）。

字典的内容可以写成一系列的 Key:value（键：值）对，如下所示：

```
dict1 = {key1:value1, key2:value2, ... }
```

"空字典"只是一对空的花括号 {}。

3.4.1 创建字典及字典中的基本操作

1. 创建字典

Python 字典（或散列表）用一对花括号定义，用冒号分隔开绑定的键/值对，如下所示：

```
dict1 = {}
dict1 = {'x' : 1, 'y' : 2}
```

上述代码片段将 dict1 定义为空字典，然后添加了两个绑定的键/值对。

2. 显示字典的内容

可以用下列代码显示 dict1 的内容：

```
>>> dict1 = {'x':1,'y':2}
>>> dict1
{'y': 2, 'x': 1}
>>> dict1['x']
1
>>> dict1['y']
2
>>> dict1['z']
Traceback (most recent call last):
  File "<stdin>", line 1, in <module>
KeyError: 'z'
```

注意：字典和集合的绑定键/值对不一定按照你所定义的顺序存储。

Python 字典还提供 get 方法以检索键值：

```
>>> dict1.get('x')
1
>>> dict1.get('y')
2
>>> dict1.get('z')
```

如你所见，当引用未在字典中定义的键时，Python 的 get 方法返回 None（显示为空字符串），而不是报错。

还可以利用 dict 解析式，以表达式的方式创建字典，如下所示：

```
>>> {x: x**3 for x in (1, 2, 3)}
{1: 1, 2: 8, 3: 37}
```

3. 检查字典中的键

你可以很简单地检查 Python 字典中是否存在某个键，如下所示：

```
>>> 'x' in dict1
True
>>> 'z' in dict1
False
```

使用方括号在字典中查找或设置值。例如，dict['abc'] 用于查找与键 'abc' 关联的值。你可以使用字符串、数字和元组作为键值，并使用任何类型作为值。

如果你查找不在 dict 中的值，Python 会抛出 KeyError。因此，应当使用“in”运算符来检查某键是否在字典中。另一种方法是，用 dict.get(key) 得到返回值；如果不存在该键，则返回 None。你甚至可以用表达式 get(key,not-found-string) 来指定找不到某键的返回值。

4. 从字典中删除键

启动 Python 解释器并输入以下命令：

```
>>> MyDict = {'x' : 5,  'y' : 7}
>>> MyDict['z'] = 13
>>> MyDict
{'y': 7, 'x': 5, 'z': 13}
>>> del MyDict['x']
>>> MyDict
{'y': 7, 'z': 13}
>>> MyDict.keys()
['y', 'z']
>>> MyDict.values()
[13, 7]
>>> 'z' in MyDict
True
```

5. 遍历一个字典

以下代码片段说明了如何遍历一个字典：

```
MyDict = {'x' : 5,  'y' : 7, 'z' : 13}

for key, value in MyDict.iteritems():
    print key, value
```

上述代码的输出结果为：

```
y 7
x 5
z 13
```

6. 向字典中插入数据

% 运算符按名称将 Python 字典中的值替换为字符串。清单 3.8 说明了如何实现操作。

清单 3.8　InterpolateDict1.py

```
hash = {}
hash['beverage'] = 'coffee'
hash['count'] = 3

# %d for int, %s for string
s = 'Today I drank %(count)d cups of %(beverage)s' %
hash
print('s:', s)
```

上述代码块的输出结果为：

```
Today I drank 3 cups of coffee
```

3.4.2　字典的相关函数和方法

Python 中的字典支持许多函数和方法，例如 cmp()、len() 和 str()。它们分别实现对两个字典进行比较，返回字典的长度，用字符串形式表示字典。

你还可以使用函数 clear() 删除所有元素，copy() 返回应复制的内容，get() 检索键的值，items() 显示字典中的键值对，keys() 显示字典的键，values() 返回字典的值的列表。

3.4.3　字典的格式

% 运算符可以非常方便地按名称将字典中的值替换为字符串：

```
#create a dictionary
>>> h = {}
#add a key/value pair
>>> h['item'] = 'beer'
>>> h['count'] = 4
#interpolate using %d for int, %s for string
>>> s = 'I want %(count)d bottles of %(item)s' % h
>>> s
'I want 4 bottles of beer'
```

下一节将介绍如何创建有序的 Python 字典。

3.4.4　有序字典

常规的 Python 字典以任意顺序遍历键 / 值对。Python 2.7 在 collections 模块中引入了新的 OrderedDict 类。OrderedDict 应用程序接口 (API) 提供与常规字典相同的接口，但会根据首次插入键的时间顺序遍历键和值：

```
>>> from collections import OrderedDict
>>> d = OrderedDict([('first', 1),
...                  ('second', 2),
...                  ('third', 3)])
>>> d.items()
[('first', 1), ('second', 2), ('third', 3)]
```

如果新条目覆盖现有条目，则原始插入位置将保持不变：

```
>>> d['second'] = 4
>>> d.items()
[('first', 1), ('second', 4), ('third', 3)]
```

删除某条目再重新插入，会将其移至末尾：

```
>>> del d['second']
>>> d['second'] = 5
>>> d.items()
[('first', 1), ('third', 3), ('second', 5)]
```

1. 对字典进行排序

Python 确保你可以支持字典中的条目。例如，你可以修改前面的代码，显示以字母排序的单词及其关联的单词数。

2. Python 中的一键多值字典

你可以在 Python 字典中定义条目，这些条目可引用列表或其他类型的 Python 结构。清单 3.9 的 `MultiDictionary1.py` 说明了如何定义更复杂的字典。

清单 3.9　MultiDictionary1.py

```
from collections import defaultdict

d = {'a' : [1, 2, 3], 'b' : [4, 5]}
print 'firsts:',d

d = defaultdict(list)
d['a'].append(1)
d['a'].append(2)
d['b'].append(4)
print 'second:',d

d = defaultdict(set)
d['a'].add(1)
d['a'].add(2)
d['b'].add(4)
print 'third:',d
```

清单 3.9 首先定义字典 `d` 并打印其内容，下一部分指定一个面向列表的字典，然后修改键 `a` 和 `b` 的值。清单 3.9 的最后一部分指定了面向集合的字典，然后也修改了键 `a` 和 `b` 的值。

清单 3.9 的输出结果如下所示：

```
first: {'a': [1, 2, 3], 'b': [4, 5]}
second: defaultdict(<type 'list'>, {'a': [1, 2], 'b':
[4]})
third: defaultdict(<type 'set'>, {'a': set([1, 2]), 'b':
set([4])})
```

下一节将讨论本章前面未涉及的其他 Python 数据类型。

3.5　Python 中的其他数据类型

3.5.1　Python 中的其他序列类型

Python 支持 7 种序列类型：`str`、`unicode`、`list`、`tuple`、`bytearray`、`buffer` 和 `xrange`。

你可以遍历一个序列，并使用 `enumerate()` 函数同时检索位置索引和相应的值。

```
>>> for i, v in enumerate(['x', 'y', 'z']):
...     print i, v
```

```
...
0 x
1 y
2 z
```

bytearray 对象由内置函数 bytearray() 创建。尽管 Python 语法不直接支持缓冲对象，但可以通过内置的 buffer() 函数创建。

xrange() 函数可创建类型为 xrange 的对象。xrange 对象与缓冲对象类似，没有任何特定的语法去创建它们。此外，xrange 对象不支持切片，连接或重复等操作。

至此，你已经了解了本书剩余各章中将提到的所有 Python 类型。下一节将讨论 Python 中的可变类型和不可变类型。

3.5.2　Python 中的可变类型和不可变类型

Python 将其数据均表示为对象，其中一些对象（例如列表和字典）是可变的，这意味着可以更改其内容而无须更改其标识。但整数、浮点数、字符串和元组等对象是不可变的。需要理解的关键点是，更改值与给对象赋新值之间的区别。你不能更改一个字符串，但可以为其分配其他值。这些细节信息可以通过检查对象的 id 值来验证，如清单 3.10 所示。

清单 3.10　Mutability.py

```
s = "abc"
print('id #1:', id(s))
print('first char:', s[0])

try:
  s[0] = "o"
except:
  print('Cannot perform reassignment')

s = "xyz"
print('id #2:',id(s))
s += "uvw"
print('id #3:',id(s))
```

清单 3.10 的输出如下：

```
id #1: 4297972672
first char: a
Cannot perform reassignment
id #2: 4299809336
id #3: 4299777872
```

因此，如果无法更改一个 Python 类型的值（虽然可以为该类型赋新值），则它是不可变的；否则该 Python 类型是可变的。Python 不可变的对象类型为 bytes、complex、float、int、str、tuple。但是字典、列表和集合是可变的。散列表中的键必须是不可变的类型。

由于字符串在 Python 中是不可变的，因此，除非你使用连接方法创造第二个字符串，否则无法在给定文本字符串的“中间”插入字符串。例如，假设你有以下字符串：

```
"this is a string"
```

同时你希望创建以下字符串：

```
"this is a longer string"
```

以下 Python 代码说明了如何执行此任务：

```
text1 = "this is a string"
text2 = text1[0:10] + "longer" + text1[9:]
print 'text1:',text1
print 'text2:',text2
```

上述代码块的输出为：

```
text1: this is a string
text2: this is a longer string
```

3.5.3 type() 函数

type() 返回任一对象的类型，包括 Python 基础类型、函数和用户定义的对象。下面的代码示例显示了一个整数和一个字符串的类型：

```
var1 = 123
var2 = 456.78
print("type var1: ",type(var1))
print("type var2: ",type(var2))
```

上述代码块的输出为：

```
type var1:  <type 'int'>
type var2:  <type 'float'>
```

3.6 小结

本章介绍了如何使用各种 Python 数据类型，特别是元组、集合和字典。此外还有如何使用列表，以及与列表相关的操作来提取子列表。还介绍了如何使用 Python 数据类型来定义树状数据结构。

CHAPTER 4

第 4 章

NumPy 和 Pandas 介绍

本章首先简要介绍 Python 的 NumPy 包，然后介绍了 Pandas 和它的一些有用的特性。Python 的 Pandas 包为管理数据集提供了强大而丰富的 API。这些 API 对于涉及动态"切片和切割"数据集子集的机器学习和深度学习任务非常有用。

4.1 节包含 NumPy 处理数组的例子，并对比一些在处理列表和处理数组时的 API。同时，你将看到计算数组中元素的指数相关值（平方、立方等）是多么容易。

4.2 节介绍子范围，它对机器学习任务中数据集的提取非常有用（并且经常使用）。你将看到向量和数组比较特别的（-1）子范围的代码示例，它对向量和数组有不同的解释方式。

4.3 节深入讨论 NumPy 的其他方法，包括 reshape() 方法，它在处理图像文件时非常有用(而且经常用到)：一些 TensorFlow API 需要将一个二维的 (R,G,B) 数组转换为相应的一维向量。

4.4 节简要介绍 Pandas 以及它的一些有用特性。这部分通过一些代码示例讲解 DataFrame 的优秀特性并简单讨论 Series，它们是 Pandas 的两个主要特性，还讨论了可供你使用的各种类型的 DataFrame，例如数值型和布尔型的 DataFrame。此外，你将看到使用 NumPy 函数和随机数创建 DataFrame 的示例。

4.5 节向你介绍操作 DataFrame 的各种方法。特别是你将看到如何从 CSV（逗号分隔值）文件、Excel 电子表格和 URL 检索的数据创建 Pandas DataFrame 的代码示例。除此之外还概括讲述了可以使用 Pandas API 执行重要的数据清洗任务。

4.1 NumPy

4.1.1 NumPy 简介

NumPy 是一个 Python 模块，它提供了很多便利的方法并具备良好的性能表现。NumPy

为 Python 中的科学计算提供了一个核心库，它为多维数组和向量提供了良好及高性能的数学运算函数，以及对线性代数和随机数的支持。

NumPy 与 MatLab 相似，支持列表、数组等结构。NumPy 比 Matlab 更容易使用，它在 TensorFlow 代码和 Python 代码中都很常见。

NumPy 包提供了 ndarray 对象，它封装了同质数据类型的多维数组。为了提高性能，许多 ndarray 操作都是在编译后的代码中执行的。

请留意 NumPy 数组和标准 Python 序列之间的以下重要区别：

- NumPy 数组的大小是固定的，而 Python 列表可以动态扩展。当修改 ndarray 的大小时，都会重新创建一个数组并删除原始数组。
- NumPy 数组是同质的，这意味着 NumPy 数组中的元素必须具有相同的数据类型。除了对象类型的 NumPy 数组外，任何其他数据类型的 NumPy 数组中的元素所占内存空间必须相同。
- NumPy 数组支持在大数据量上执行各种类型的高效操作（并且需要更少的代码）。

许多基于 Python 的科学软件包依赖 NumPy 数组，对 NumPy 数组的理解变得越来越重要。

现在你已经对 NumPy 有了一个大致的了解，下面让我们深入研究一些示例来说明如何使用 NumPy 数组。

4.1.2 NumPy 数组

数组是一组用于存储数据的连续内存单元，数组中的每一项称为*元素*。数组中元素的个数称为数组的*维度*。一个典型的数组声明如下：

```
arr1 = np.array([1,2,3,4,5])
```

上述代码段声明一个由 5 个元素组成的数组 arr1，你可以通过从 arr1[0] 到 arr1[4] 来访问它。注意数组中第一个元素的索引值是 0，第二个元素的索引值是 1，以此类推。因此，如果声明一个包含 100 个元素的数组，那么第 100 个元素的索引值为 99。

注意： NumPy 数组的第一个位置索引为 0。

NumPy 将数组视为向量。数学运算是逐元素执行的。注意下面的区别：一个数组的“翻倍”是将每个元素*乘以* 2，而一个列表的“翻倍”则将一个列表*附加*到它自己上。

清单 4.1 的 nparray1.py 说明了 NumPy 数组的一些操作。

清单 4.1　nparray1.py

```
import numpy as np

list1 = [1,2,3,4,5]
print(list1)

arr1  = np.array([1,2,3,4,5])
```

```
print(arr1)

list2 = [(1,2,3),(4,5,6)]
print(list2)

arr2  = np.array([(1,2,3),(4,5,6)])
print(arr2)
```

清单 4.1 定义了变量 `list1` 和 `list2`（它们是 Python 列表），以及变量 `arr1` 和 `arr2`（它们是数组），并打印它们的值。清单 4.1 的输出如下：

```
[1, 2, 3, 4, 5]
[1 2 3 4 5]
[(1, 2, 3), (4, 5, 6)]
[[1 2 3]
 [4 5 6]]
```

如你所见，Python 中的列表和数组非常容易创建。下面我们看看列表和数组的一些循环操作。

4.1.3　使用 NumPy 数组的示例

1. 使用循环

清单 4.2 的 `loop1.py` 说明了如何遍历 `NumPy` 数组和 Python 列表中的元素。

清单 4.2　loop1.py

```
import numpy as np

list = [1,2,3]
arr1 = np.array([1,2,3])

for e in list:
  print(e)
for e in arr1:
  print(e)

list1 = [1,2,3,4,5]
```

清单 4.2 初始化一个 Python 列表变量 `list`，以及一个 `NumPy` 数组变量 `arr1`。清单 4.2 接下来包含两个循环，分别遍历 `list` 和 `arr1` 中的元素。你会看到这两个循环的语法是相同的。清单 4.2 的输出如下：

```
1
2
3
1
2
3
```

2. 在数组中添加元素

清单 4.3 的 `append1.py` 说明了如何在 `NumPy` 数组和 Python 列表中添加元素。

清单 4.3　append1.py

```
import numpy as np

arr1 = np.array([1,2,3])

# these do not work:
#arr1.append(4)
#arr1 = arr1 + [5]

arr1 = np.append(arr1,4)
arr1 = np.append(arr1,[5])

for e in arr1:
  print(e)

arr2 = arr1 + arr1

for e in arr2:
  print(e)
```

清单 4.3 初始化变量 `arr1` 为一个 `NumPy` 数组，它的输出如下：

```
1
2
3
4
5
2
4
6
8
10
```

清单 4.4 的 `append2.py` 同样说明了如何在 `NumPy` 数组和 Python 列表中添加元素。

清单 4.4　append2.py

```
import numpy as np

arr1 = np.array([1,2,3])
arr1 = np.append(arr1,4)

for e in arr1:
  print(e)

arr1 = np.array([1,2,3])
arr1 = np.append(arr1,4)

arr2 = arr1 + arr1

for e in arr2:
  print(e)
```

清单 4.4 的代码初始化变量 `arr1` 为一个 `NumPy` 数组。注意 `NumPy` 数组不具备“append”方法，此方法可以通过 `NumPy` 使用。另一个 Python 列表和 `NumPy` 数组之间的重要区别是，“+”运算符对 Python 列表起到连接作用，而对于 `NumPy` 数组来说此运算符的作用是增加数组中元素的值。清单 4.4 的输出如下：

```
1
2
3
4
2
4
6
8
```

3. 列表和数组的乘法

清单 4.5 的 `multiply1.py` 说明了 Python 列表和 `NumPy` 数组中元素的乘法运算。

清单 4.5　multiply1.py

```
import numpy as np

list1 = [1,2,3]
arr1  = np.array([1,2,3])
print('list:  ',list1)
print('arr1:  ',arr1)
print('2*list:',2*list)
print('2*arr1:',2*arr1)
```

清单 4.5 的代码包含一个 Python 列表 `list1` 和一个 `NumPy` 数组 `arr1`。`print()` 语句打印 `list1` 和 `arr1` 的内容以及其“翻倍”的内容。回想一下，Python 列表的“翻倍”与 Python 数组的“翻倍”是不同的，运行清单 4.5，你可以在输出中看到它们的区别：

```
('list:  ', [1, 2, 3])
('arr1:  ', array([1, 2, 3]))
('2*list:', [1, 2, 3, 1, 2, 3])
('2*arr1:', array([2, 4, 6]))
```

4. 将列表中的元素值翻倍

清单 4.6 的 `double_list1.py` 说明了如何将 Python 列表中的元素值翻倍。

清单 4.6　double_list1.py

```
import numpy as np

list1 = [1,2,3]
list2 = []

for e in list1:
  list2.append(2*e)

print('list1:',list1)
print('list2:',list2)
```

清单 4.6 的代码包含一个 Python 列表 `list1` 和一个 `NumPy` 数组 `list2`。接下来的代码遍历 `list1` 中的元素并添加到 `list2` 中。两个 `print()` 语句分别打印 `list1` 和 `list2` 的内容。它的输出如下：

```
('list1:', [ , 2, 3])
('list2:', [2, 4, 6])
```

5. 列表和指数

清单 4.7 的 exponent_list1.py 说明了如何计算 Python 列表中元素的指数。

清单 4.7　exponent_list1.py

```
import numpy as np

list1 = [1,2,3]
list2 = []

for e in list1:
  list2.append(e*e) # e*e = squared

print('list1:',list1)
print('list2:',list2)
```

清单 4.7 包含一个 Python 列表 list1 和一个空的列表 list2。接下来遍历 list1 中的元素并将元素的平方值添加到 list2 中。两个 print() 函数分别打印 list1 和 list2 的内容。它的输出如下：

```
('list1:', [1, 2, 3])
('list2:', [1, 4, 9])
```

6. 数组和指数

清单 4.8 的 exponent_array1.py 说明了如何计算 NumPy 数组中元素的指数。

清单 4.8　exponent_array1.py

```
import numpy as np

arr1 = np.array([1,2,3])
arr2 = arr1**2
arr3 = arr1**3

print('arr1:',arr1)
print('arr2:',arr2)
print('arr3:',arr3)
```

清单 4.8 包含一个 NumPy 数组 arr1 以及另外两个数组 arr2 和 arr3。可以看到 arr2 和 arr3 分别通过 arr1 的平方和立方来初始化。三个 print() 语句分别打印 arr1、arr2 和 arr3 的内容。清单 4.8 的输出如下：

```
('arr1:', array([1, 2, 3]))
('arr2:', array([1, 4, 9]))
('arr3:', array([1, 8, 27]))
```

7. 数学运算和数组

清单 4.9 的 mathops_array1.py 说明了如何进行 NumPy 数组元素的指数、对数运算。

清单 4.9 mathops_array1.py

```
import numpy as np

arr1 = np.array([1,2,3])
sqrt = np.sqrt(arr1)
log1 = np.log(arr1)
exp1 = np.exp(arr1)

print('sqrt:',sqrt)
print('log1:',log1)
print('exp1:',exp1)
```

清单 4.9 包含一个 NumPy 数组 arr1，以及另外三个 NumPy 数组 sqrt、log1、exp1，分别通过 arr1 的平方根、对数、指数值来初始化。三个 print() 语句分别打印 sqrt、log1 和 exp1 的内容。清单 4.9 的输出如下：

```
('sqrt:', array([1.        , 1.41421356, 1.73205081]))
('log1:', array([0.        , 0.69314718, 1.09861229]))
('exp1:', array([2.71828183, 7.3890561,  20.08553692]))
```

4.2 子范围

4.2.1 使用向量的“-1”子范围

清单 4.10 的 npsubarray2.py 说明了一维 NumPy 数组的不同子范围。

清单 4.10 npsubarray2.py

```
import numpy as np

# -1 => "all except the last element in …" (row or col)

arr1  = np.array([1,2,3,4,5])
print('arr1:',arr1)
print('arr1[0:-1]:',arr1[0:-1])
print('arr1[1:-1]:',arr1[1:-1])
print('arr1[::-1]:', arr1[::-1]) # reverse!
```

清单 4.10 包含一个一维 NumPy 数组 arr1，以及四个 print 语句分别打印 arr1 的不同子范围。清单 4.10 的输出如下：

```
('arr1:',        array([1, 2, 3, 4, 5]))
('arr1[0:_1]:', array([1, 2, 3, 4]))
('arr1[1:_1]:', array([2, 3, 4]))
('arr1[::_1]:', array([5, 4, 3, 2, 1]))
```

4.2.2 使用数组的“-1”子范围

清单 4.11 的 np2darray2.py 说明了二维 NumPy 数组的不同子范围。

清单 4.11 np2darray2.py

```
import numpy as np

# -1 => "the last element in …" (row or col)
arr1   = np.array([(1,2,3),(4,5,6),(7,8,9),(10,11,12)])
print('arr1:',           arr1)
print('arr1[-1,:]:',   arr1[-1,:])
print('arr1[:,-1]:',   arr1[:,-1])
print('arr1[-1:,-1]:',arr1[-1:,-1])
```

清单 4.11 代码包含一个二维 NumPy 数组 arr1，以及四个 print 语句分别打印 arr1 的不同子范围[㊀]。清单 4.11 的输出如下：

```
(arr1:', array([[1,  2,  3],
                [4,  5,  6],
                [7,  8,  9],
                [10, 11, 12]]))
(arr1[-1,:]]',   array([10, 11, 12]))
(arr1[:,-1]:',   array([3,  6,  9, 12]))
(arr1[-1:,-1]]', array([12]))
```

4.3 NumPy 中其他有用的方法

除了你在前面的代码示例中看到的 NumPy 方法之外，以下 NumPy 方法（通常直观地命名）也非常有用：

- np.zeros() 方法使用 0 值初始化一个数组。
- np.ones() 方法使用 1 值初始化一个数组。
- np.empty() 方法使用 0 值初始化一个数组。
- np.arange() 方法提供了固定范围的数字。
- np.shape() 方法显示一个对象的维度形状。
- np.reshape() 方法非常有用！
- np.linspace() 方法在回归中有用。
- np.mean() 方法计算一组数据的均值。
- np.std() 方法计算一组数据的标准差。

尽管 np.zeros() 和 np.empty() 都使用 0 初始化一个二维数组，但 np.zeros() 所需的执行时间更少。你也可以使用 np.full(size,0)，但是这个方法是三个方法中最慢的。

reshape() 方法和 linspace() 方法分别在更改数组的维数和生成数值列表时非常有用。reshape() 方法经常出现在 TensorFlow 代码中，linspace() 方法用于在线性回归中生成一组数字（在第 5 章中讨论）。mean() 和 std() 方法用于计算一组数字的平均

㊀ 注意清单4.11的arr1[ ] 中有逗号，而清单4.10的arr1[ ] 中没有逗号。——译者注

值和标准差。例如，你可以使用这两种方法来调整高斯分布，使其均值为 0，标准差为 1。这个过程叫作标准化高斯分布。

4.3.1　数组和向量操作

清单 4.12 的 array_vector.py 说明了如何对 NumPy 数组中的元素执行向量操作。

清单 4.12　array_vector.py

```
import numpy as np

a = np.array([[1,2], [3, 4]])
b = np.array([[5,6], [7,8]])

print('a:        ', a)
print('b:        ', b)
print('a + b:    ', a+b)
print('a _ b:    ', a_b)
print('a * b:    ', a*b)
print('a / b:    ', a/b)
print('b / a:    ', b/a)
print('a.dot(b):',a.dot(b))
```

清单 4.12 的代码包含两个 NumPy 数组 a 和 b，以及八个 print 语句，分别打印对 NumPy 数组 a 和 b 进行不同算术操作的结果。它的输出如下：

```
('a     :    ', array([[1, 2], [3, 4]]))
('b     :    ', array([[5, 6], [7, 8]]))
('a + b:    ', array([[ 6,  8], [10, 12]]))
('a _ b:    ', array([[_4, _4], [_4, _4]]))
('a * b:    ', array([[ 5, 12], [21, 32]]))
('a / b:    ', array([[0, 0], [0, 0]]))
('b / a:    ', array([[5, 3], [2, 2]]))
('a.dot(b):', array([[19, 22], [43, 50]]))
```

4.3.2　NumPy 和点积

清单 4.13 的 dotproduct1.py 说明了如何计算 NumPy 数组中元素的点积。

清单 4.13　dotproduct1.py

```
import numpy as np

a = np.array([1,2])
b = np.array([2,3])

dot2 = 0
for e,f in zip(a,b):
  dot2 += e*f

print('a:    ',a)
print('b:    ',b)
print('a*b:  ',a*b)
print('dot1:',a.dot(b))
print('dot2:',dot2)
```

清单 4.13 定义两个 NumPy 数组 a 和 b，然后计算它们的点积。后面部分通过五个 print 语句分别打印 a 和 b 的内容，以及通过三种不同方式所计算的内积。清单 4.13 的输出如下：

```
('a:    ', array([1, 2]))
('b:    ', array([2, 3]))
('a*b: ', array([2, 6]))
('dot1:', 8)
('dot2:', 8)
```

NumPy 提供了 dot 方法来计算数字数组的内积，它与计算一对向量的内积算法相同。清单 4.14 的 dotproduct2.py 说明了如何计算两个 NumPy 数组的点积。

清单 4.14　dotproduct2.py

```
import numpy as np
a = np.array([1,2])
b = np.array([2,3])

print('a:            ',a)
print('b:            ',b)
print('a.dot(b):   ',a.dot(b))
print('b.dot(a):   ',b.dot(a))
print('np.dot(a,b):',np.dot(a,b))
print('np.dot(b,a):',np.dot(b,a))
```

清单 4.14 定义两个 NumPy 数组 a 和 b，并通过六个 print 语句分别打印 a 和 b 的内容，以及通过四种不同方式所计算的内积。清单 4.14 的输出如下：

```
('a:            ', array([1, 2]))
('b:            ', array([2, 3]))
('a.dot(b):   ', 8)
('b.dot(a):   ', 8)
('np.dot(a,b):', 8)
('np.dot(b,a):', 8)
```

4.3.3　NumPy 和向量的“范数”

向量（或一组数字）的“范数”是向量的长度，它是一个向量与自身的点积的平方根。NumPy 还提供了 sum 和 square 函数，你可以使用它们来计算向量的范数。

清单 4.15 的 array_norm.py 说明了如何计算 NumPy 数字数组的大小（即范数）。

清单 4.15　array_norm.py

```
import numpy as np

a = np.array([2,3])
asquare = np.square(a)
asqsum  = np.sum(np.square(a))
anorm1  = np.sqrt(np.sum(a*a))
anorm2  = np.sqrt(np.sum(np.square(a)))
anorm3  = np.linalg.norm(a)
```

```
print('a:      ',a)
print('asquare:',asquare)
print('asqsum: ',asqsum)
print('anorm1: ',anorm1)
print('anorm2: ',anorm2)
print('anorm3: ',anorm3)
```

清单 4.15 的代码首先初始化 NumPy 数组 a，之后跟随着 NumPy 数组 asquare，以及值变量 asqsum、anorm1、anorm2 和 anorm3。数组 asquare 中包含数组 a 中元素的平方，数值 asqsum 等于数组 asquare 中的元素之和。接下来，数值 anorm1 等于 a 中元素的平方之和的平方根。数值 anorm2 与 anorm1 相同，只是计算方式略有不同。最后，数值 anorm3 等于 anorm2，但 anorm3 是通过单一的 NumPy 方法计算的，而 anorm2 需要一系列 NumPy 方法。

清单 4.15 的最后部分通过连续的六个 print 语句分别打印计算的值。清单 4.15 的输出如下：

```
('a:      ', array([2, 3]))
('asquare:', array([4, 9]))
('asqsum: ', 13)
('anorm1: ', 3.605551275463989)
('anorm2: ', 3.605551275463989)
('anorm3: ', 3.605551275463989)
```

4.3.4 NumPy 和向量的乘积

NumPy 提供了“*”运算符来计算两个向量的乘积，其产生的第三个向量的元素值为两个初始向量中对应元素的乘积。这个操作叫作哈达玛积（Ha damard product）(哈达玛是一位著名数学家的名字)。如果你将第三个向量中的元素相加，它们的和就等于两个初始向量的内积。

清单 4.16 的 otherops.py 说明了如何在 NumPy 数组上执行向量相乘操作。

清单 4.16 otherops.py

```
import numpy as np
a = np.array([1,2])
b = np.array([3,4])

print('a:            ',a)
print('b:            ',b)
print('a*b:          ',a*b)
print('np.sum(a*b): ',np.sum(a*b))
print('(a*b.sum()): ',(a*b).sum())
```

清单 4.16 的代码首先定义两个 NumPy 数组 a 和 b，之后五个 print 语句分别打印 a 和 b 的内容，以及它们的哈达玛积，最后打印两种不同方式计算的内积。运行清单 4.16 的输出如下：

```
('a:           ', array([1, 2]))
('b:           ', array([3, 4]))
('a*b:         ', array([3, 8]))
('np.sum(a*b): ', 11)
('(a*b.sum()): ', 11)
```

4.3.5 NumPy和reshape()方法

NumPy数组支持reshape()方法，使你能够重新构造数组的维度。通常，如果一个NumPy数组包含m个元素，其中m是正整数，那么该数组可以重新构造为m1 × m2的NumPy数组，其中m1和m2是正整数，并且m1*m2=m。

清单4.17的numpy_reshape.py说明了如何对一个NumPy数组使用reshape()方法。

清单4.17　numpy_reshape.py

```
import numpy as np

x = np.array([[2, 3], [4, 5], [6, 7]])
print(x.shape) # (3, 2)

x = x.reshape((2, 3))
print(x.shape) # (2, 3)
print('x1:',x)

x = x.reshape((_1))
print(x.shape) # (6,)
print('x2:',x)

x = x.reshape((6, _1))
print(x.shape) # (6, 1)
print('x3:',x)

x = x.reshape((_1, 6))
print(x.shape) # (1, 6)
print('x4:',x)
```

清单4.17中包含一个维度为3 × 2的NumPy数组x，并通过一系列的reshape()方法调用重塑x的内容。第一次调用reshape()方法将x的形状从3 × 2修改为2 × 3。第二次调用reshape()方法将x的形状从2 × 3修改为1 × 6。第三次调用reshape()方法将x的形状从1 × 6修改为6 × 1。最后一次调用再次将x的形状从6 × 1修改为1 × 6。

每次调用reshape()方法之后都跟随一个print()语句，以便你能看到本次调用所产生的效果。清单4.17的输出如下：

```
(3, 2)
(2, 3)
('x1:', array([[2, 3, 4],
       [5, 6, 7]]))
(6,)
('x2:', array([2, 3, 4, 5, 6, 7]))
(6, 1)
('x3:', array([,
```

```
        [3],
        [4],
        [5],
        [6],
        [7]]))
(1, 6)
```

4.3.6 计算均值和标准差

如果你需要回顾这些统计学概念（可能还涉及平均值、中位数和模等），请阅读相关的在线教程。

NumPy 提供了大量的内置函数用于统计计算，例如下面列出的几个：

- np.linspace() 用于回归
- np.mean()
- np.std()

np.linspace() 方法在下限和上限之间产生一组等间距的数字。np.mean() 和 np.std() 方法分别计算一组数字的均值和标准差。清单 4.18 的 sample_mean_std.py 说明了如何计算 NumPy 数组的统计值。

清单 4.18 sample_mean_std.py

```
import numpy as np

x2 = np.arange(8)
print 'mean = ',x2.mean()
print 'std  = ',x2.std()

x3 = (x2 - x2.mean())/x2.std()
print 'x3 mean = ',x3.mean()
print 'x3 std  = ',x3.std()
```

清单 4.18 的代码定义一个包含前八个连续数字的 NumPy 数组 x2。接下来，分别通过调用 mean() 和 std() 方法来计算数组 x2 中元素的均值和标准差。清单 4.18 的输出如下：

```
mean = 3.5
std  = 2.29128784747792
x3 mean = 0.0
x3 std  = 1.0
```

下面的代码对前面给出的代码示例进行了扩展——附加了一些统计值，清单 4.19 中的代码可用于任何数据分布。请注意代码示例使用随机数只是为了举例——在使用示例中的代码时，你可以用 CSV 文件或其他包含有意义数据的数据集来替换这些数字。

此外，本节不提供关于四分位数含义的详细信息，但你可以在以下网址了解四分位数：

https://en.wikipedia.org/wiki/Quartile

清单 4.19 的 stat_values.py 说明了如何计算一个随机数 NumPy 数组的各种统计值。

清单 4.19　stat_values.py

```
import numpy as np

from numpy import percentile
from numpy.random import rand

# generate data sample
data = np.random.rand(1000)

# calculate quartiles, min, and max
quartiles = percentile(data, [25, 50, 75])
data_min, data_max = data.min(), data.max()

# print summary information
print('Minimum:  %.3f' % data_min)
print('Q1 value: %.3f' % quartiles[0])
print('Median:   %.3f' % quartiles[1])
print('Mean Val: %.3f' % data.mean())
print('Std Dev:  %.3f' % data.std())
print('Q3 value: %.3f' % quartiles[2])
print('Maximum:  %.3f' % data_max)
```

清单 4.19 中的数据样本（以粗体显示）为从 0 到 1 之间的均匀分布。NumPy 的 percentile() 函数计算观测数据的线性插值（平均值），这是计算偶数个样本的中位数所必需的。不难理解，NumPy 的 min() 和 max() 函数用于计算数据样本的最小值和最大值。清单 4.19 的输出如下：

```
Minimum:  0.000
Q1 value: 0.237
Median:   0.500
Mean Val: 0.495
Std Dev:  0.295
Q3 value: 0.747
Maximum:  0.999
```

本章介绍 NumPy 的内容到此为止，后半部分讨论 Pandas 的一些特性。

4.4 Pandas

Pandas 是一个 Python 包，与其他的 Python 包如 NumPy、Matplotlib 等兼容。Python 3.x 版本通过在命令行中执行如下命令来安装 Pandas：

```
pip3 install pandas
```

在许多方面 Pandas 包具有电子表格的语义，它还可以处理 xsl、xml、html、csv 文件类型。Pandas 提供了一种称为 DataFrame 的数据类型（类似于 Python 字典），具有非常强大的功能，下一节将对此进行讨论。

Pandas DataFrame 支持多种输入类型，例如 ndarray、列表、dict，或者 Series。Pandas 还提供了另一种名为 Pandas Series 的数据类型（本章没有讨论），这种数据结构提供了另一种管理数据的机制（可以在网上搜索了解更多信息）。

Pandas DataFrame

简而言之，Pandas DataFrame 是一个二维数据结构，而且可以方便地将数据结构考虑为行和列。可以为 DataFrame 设置标签（行和列），不同列可以包含不同的数据类型。

通过类比的方式，可以将 DataFrame 看作电子表格，这使得它在与 Pandas 相关的 Python 脚本中成为非常有用的数据类型。数据集的源可以是数据文件、数据库表、Web 服务等。Pandas DataFrame 的特性包括：

- DataFrame 方法。
- DataFrame 统计。
- 分组、旋转和重塑。
- 处理缺失数据。
- 合并 DataFrame。

1. DataFrame 和数据清洗任务

具体要执行的任务取决于数据集的结构和内容。通常你会按下面的步骤执行工作流程（也不是总按照这个顺序），所有这些步骤都可以使用 Pandas DataFrame 执行：

- 将数据读入一个 DataFrame。
- 显示 DataFrame 的顶部内容。
- 显示 DataFrame 列的数据类型。
- 显示不缺失的值。
- 用值替换 NA。
- 对列进行遍历。
- 对每列进行统计。
- 查找缺失值。
- 合计缺失值。
- 缺失值百分比。
- 对表值进行排序。
- 打印摘要信息。
- 值缺失超过 50% 的列。
- 对列重命名。

2. 带标签的 Pandas DataFrame

清单 4.20 的 pandas_labeled_df.py 说明了如何定义一个行和列带标签的 Pandas DataFrame。

清单 4.20　Pandas_labeled_df.py

```
import numpy
import pandas

myarray = numpy.array([[10,30,20],
[50,40,60],[1000,2000,3000]])

rownames = ['apples', 'oranges', 'beer']
colnames = ['January', 'February', 'March']

mydf = Pandas.DataFrame(myarray, index=rownames,
columns=colnames)

print(mydf)
print(mydf.describe())
```

清单 4.20 的代码首先定义一个 3x3 的 NumPy 数字数组 myarray，其后是两行重要代码，变量 rownames 和 colnames 分别定义了 myarray 数组中数据行和列的名字。接下来，变量 mydf 被初始化为指定数据源（即 myarray）的 Pandas DataFrame。

你会惊讶地发现只需一个 print 语句即可输出如下打印的前半部分（直接显示 mydf 的内容）。通过调用 describe() 方法生成了输出的第二部分，该方法对任何 NumPy DataFrame 都适用。describe() 方法非常有用，你可以看到各种统计量，例如按列统计的（不是按行统计的）平均值、标准差、最小值和最大值，以及第 25、50 和 75 百分位数的值。清单 4.20 的输出如下：

```
             January      February        March
apples            10            30           20
oranges           50            40           60
beer            1000          2000         3000
             January      February        March
count       3.000000      3.000000     3.000000
mean      353.333333    690.000000  1026.666667
std       560.386771   1134.504297  1709.073823
min        10.000000     30.000000    20.000000
25%        30.000000     35.000000    40.000000
50%        50.000000     40.000000    60.000000
75%       525.000000   1020.000000  1530.000000
max      1000.000000   2000.000000  3000.000000
```

3. 数值型 Pandas DataFrame

清单 4.21 的 pandas_numeric_df.py 说明了如何定义一个行和列都是数字的 Pandas DataFrame（但是列标签是字符类型）。

清单 4.21　pandas_numeric_df.py

```
import pandas as pd

df1 = pd.DataFrame(np.random.randn(10,
4),columns=['A','B','C','D'])
df2 = pd.DataFrame(np.random.randn(7, 3),
columns=['A','B','C'])
df3 = df1 + df2
```

本质上清单 4.21 的代码初始化 DataFrame　df1 和 df2，并定义另一个 DataFrame df3 为 df1 和 df2 的和。清单 4.21 的输出如下：

```
       A        B        C     D
0 0.0457 _0.0141  1.3809   NaN
1_0.9554 _1.5010  0.0372   NaN
2_0.6627  1.5348 _0.8597   NaN
3_2.4529  1.2373 _0.1337   NaN
4 1.4145  1.9517 _2.3204   NaN
5_0.4949 _1.6497 _1.0846   NaN
6_1.0476 _0.7486 _0.8055   NaN
7    NaN     NaN     NaN   NaN
8    NaN     NaN     NaN   NaN
9    NaN     NaN     NaN   NaN
```

请记住，涉及 DataFrame 和 Series 操作的默认行为是匹配 Series 索引与 DataFrame 的列，之后产生行方向的输出。这里有一个简单的示例：

```
names = pd.Series(['SF', 'San Jose', 'Sacramento'])
sizes = pd.Series([852469, 1015785, 485199])

df = pd.DataFrame({ 'Cities': names, 'Size': sizes })
df = pd.DataFrame({ 'City name': names,'sizes': sizes })
print(df)
```

上述代码块的输出如下：

```
    City name    sizes
0          SF   852469
1    San Jose  1015785
2  Sacramento   485199
```

4. 布尔型 Pandas DataFrame

Pandas 支持在 DataFrame 的布尔操作，例如一对 DataFrame 的逻辑或、逻辑与、逻辑异或。清单 4.22 的 pandas_boolean_df.py 说明了如何定义一个行和列都是布尔值的 DataFrame。

清单 4.22　pandas_boolean_df.py

```
import pandas as pd
df1 = pd.DataFrame({'a' : [1, 0, 1], 'b' : [0, 1, 1] },
dtype=bool)
df2 = pd.DataFrame({'a' : [0, 1, 1], 'b' : [1, 1, 0] },
dtype=bool)

print("df1 & df2:")
print(df1 & df2)

print("df1 | df2:")
print(df1 | df2)

print("df1 ^ df2:")
print(df1 ^ df2)
```

清单 4.22 初始化 DataFrame　df1 和 df2，并计算 df1&df2、df1|df2、df1^df2，

分别对应 df1 和 df2 的逻辑与、逻辑或、逻辑异或的结果。运行清单 4.22 的输出如下：

```
df1 & df2:
      a      b
0  False  False
1  False  True
2  True   False
df1 | df2:
      a      b
0  True   True
1  True   True
2  True   True
df1 ^ df2:
      a      b
0  True   True
1  True   False
2  False  True
```

你可以使用属性 T（以及转置函数）生成一个 Pandas DataFrame 的转置，类似于一个 NumpPy 数组。

例如，下面的代码片段定义一个 Pandas DataFrame 变量 df1 并展示它的转置：

```
df1 = pd.DataFrame({'a' : [1, 0, 1], 'b' : [0, 1, 1] },
dtype=int)
print("df1.T:")
print(df1.T)
```

它的输出如下：

```
df1.T:
   0  1  2
a  1  0  1
b  0  1  1
```

下面的代码片段定义了两个 Pandas DataFrame 变量 df1 和 df2 并计算它们的和：

```
df1 = pd.DataFrame({'a' : [1, 0, 1], 'b' : [0, 1, 1] },
dtype=int)
df2 = pd.DataFrame({'a' : [3, 3, 3], 'b' : [5, 5, 5] },
dtype=int)
print("df1 + df2:")
print(df1 + df2)
```

它的输出如下：

```
df1 + df2:
   a  b
0  4  5
1  3  6
2  4  6
```

5. Pandas DataFrame 和随机数

清单 4.23 的 pandas_random_df.py 说明了如何创建一个包含随机数的 Pandas DataFrame。

清单 4.23 pandas_random_df.py

```
import pandas as pd
import numpy as np

df = pd.DataFrame(np.random.randint(1, 5, size=(5, 2)),
columns=['a','b'])
df = df.append(df.agg(['sum', 'mean']))

print("Contents of dataframe:")
print(df)
```

清单4.23定义一个5行2列的Pandas DataFrame变量df，由从1到5的随机数构成。注意df的列标签为“a”和“b”。另外，后面的代码添加了两行内容，分别显示两列数字的和与平均值。清单4.23的输出如下：

```
          a     b
0       1.0   2.0
1       1.0   1.0
2       4.0   3.0
3       3.0   1.0
4       1.0   2.0
sum    10.0   9.0
mean    2.0   1.8
```

4.5 Pandas DataFrame的各种操作

4.5.1 合并 Pandas DataFrame

清单4.24的pandas_combine_df.py说明了如何合并Pandas DataFrame。

清单 4.24 pandas_combine_df.py

```
import pandas as pd
import numpy as np

df = pd.DataFrame({'foo1' : np.random.randn(5),
                   'foo2' : np.random.randn(5)})

print("contents of df:")
print(df)

print("contents of foo1:")
print(df.foo1)

print("contents of foo2:")
print(df.foo2)
```

清单4.24定义一个5行2列的Pandas DataFrame df，由从0到5的随机数构成（列标签为“foo1”和“foo2”）。接下来展示df中foo1和foo2的内容。清单4.24的输出如下：

```
contents of df:
       foo1      foo2
0  0.274680 _0.848669
```

```
1 _0.399771 _0.814679
2  0.454443 _0.363392
3  0.473753  0.550849
4 _0.211783 _0.015014
contents of foo1:
0    0.256773
1    1.204322
2    1.040515
3   _0.518414
4    0.634141
Name: foo1, dtype: float64
contents of foo2:
0   _2.506550
1   _0.896516
2   _0.222923
3    0.934574
4    0.527033
Name: foo2, dtype: float64
```

Pandas 支持 DataFrame 的 concat 方法，用以连接 DataFrame。清单 4.25 的 concat_frames.py 说明了如何合并两个 Pandas DataFrame。

清单 4.25 concat_frames.py

```
import pandas as pd

can_weather = pd.DataFrame({
    "city": ["Vancouver","Toronto","Montreal"],
    "temperature": [72,65,50],
    "humidity": [40, 20, 25]
})

us_weather = pd.DataFrame({
    "city": ["SF","Chicago","LA"],
    "temperature": [60,40,85],
    "humidity": [30, 15, 55]
})

df = pd.concat([can_weather, us_weather])
print(df)
```

清单 4.25 的第一行是一个导入语句，接下来定义 Pandas DataFrame can_weather 和 us_weather，分别对应加拿大和美国的城市气候信息。Pandas DataFrame df 是 can_weather 和 us_weather 的组合（即连接）。清单 4.25 的输出如下：

```
0  Vancouver        40            72
1    Toronto        20            65
2   Montreal        25            50
0         SF        30            60
1    Chicago        15            40
2         LA        55            85
```

4.5.2 使用 Pandas DataFrame 进行数据操作

举个简单的例子，假设我们有一个两人公司，按季度记录收入和支出，我们想要计算

每个季度的利润 / 亏损，以及整体的利润 / 亏损。

清单 4.26 的 pandas_quarterly_df1.py 说明了如何定义一个由收入相关数据构成的 Pandas DataFrame。

清单 4.26　pandas_quarterly_df1.py

```
import pandas as pd

summary = {
    'Quarter': ['Q1', 'Q2', 'Q3', 'Q4'],
    'Cost':    [23500, 34000, 57000, 32000],
    'Revenue': [40000, 40000, 40000, 40000]
}

df = pd.DataFrame(summary)

print("Entire Dataset:\n",df)
print("Quarter:\n",df.Quarter)
print("Cost:\n",df.Cost)
print("Revenue:\n",df.Revenue)
```

清单 4.26 定义了一个变量 summary，以硬编码的形式包含两人公司按季度记录的成本和收入信息。通常硬编码的值会由其他数据源代替（例如 CSV 文件），因此可以将此代码示例视为一种简单的方法，以演示 Pandas DataFrame 中的一些功能。

变量 df 为一个 Pandas DataFrame，基于变量 summary 的值创建。第一个 print 语句打印 df（包含所有数据）的内容，后三个 print 语句分别打印季度、季度成本、季度收入的值。

清单 4.26 的输出如下：

```
Entire Dataset:
    Cost    Quarter  Revenue
0  23500      Q1      40000
1  34000      Q2      60000
2  57000      Q3      50000
3  32000      Q4      30000
Quarter:
0     Q1
1     Q2
2     Q3
3     Q4
Name: Quarter, dtype: object
Cost:
0     23500
1     34000
2     57000
3     32000
Name: Cost, dtype: int64
Revenue:
0     40000
1     60000
2     50000
3     30000
Name: Revenue, dtype: int64
```

假设我们有一个两人公司，按季度记录收入和支出，我们想要计算每个季度的利润 / 亏损，以及整体的利润 / 亏损。

清单 4.27 的 pandas_quarterly_df2.py 说明了如何定义一个由收入相关数据构成的 Pandas DataFrame。

清单 4.27　pandas_quarterly_df2.py

```
import pandas as pd
summary = {
    'Quarter': ['Q1', 'Q2', 'Q3', 'Q4'],
    'Cost':    [_23500, _34000, _57000, _32000],
    'Revenue': [40000, 40000, 40000, 40000]
}

df = pd.DataFrame(summary)
print("First Dataset:\n",df)

df['Total'] = df.sum(axis=1)
print("Second Dataset:\n",df)
```

清单 4.27 定义一个变量 summary，它包含两人公司按季度的成本和收入。df 是基于 summary 值的 Pandas DataFrame 变量。两个 print 语句显示了季度，以及每个季度的成本和收益，并增加了一列“Total”的内容（它是 df 按行求和的值）。清单 4.27 的输出如下：

```
First Dataset:
    Cost     Quarter  Revenue
0 _23500       Q1      40000
1 _34000       Q2      60000
2 _57000       Q3      50000
3 _32000       Q4      30000
Second Dataset:
    Cost     Quarter  Revenue   Total
0 _23500       Q1      40000    16500
1 _34000       Q2      60000    26000
2 _57000       Q3      50000    _7000
3 _32000       Q4      30000    _2000
```

让我们延续之前的假设，假设我们有一个两人公司，按季度记录收入和支出，我们想要计算每个季度的利润 / 亏损，以及整体的利润 / 亏损。此外，我们还要按列求和以及按行求和。

清单 4.28 的 pandas_quarterly_df3.py 说明了如何定义一个由收入相关数据构成的 Pandas DataFrame。

清单 4.28　pandas_quarterly_df3.py

```
import pandas as pd
summary = {
    'Quarter': ['Q1', 'Q2', 'Q3', 'Q4'],
    'Cost':    [_23500, _34000, _57000, _32000],
    'Revenue': [40000, 40000, 40000, 40000]
}
```

```
df = pd.DataFrame(summary)
print("First Dataset:\n",df)

df['Total'] = df.sum(axis=1)
df.loc['Sum'] = df.sum()
print("Second Dataset:\n",df)

# or df.loc['avg'] / 3
#df.loc['avg'] = df[:3].mean()
#print("Third Dataset:\n",df)
```

清单 4.28 定义一个变量 summary，它包含两人公司的季度成本和收入。df 是基于 summary 值的 Pandas DataFrame 变量。两个 print 语句分别打印 df 的内容，并增加了一行 "Sum" 和一列 "Total" 的内容（它们分别是 df 按列和按行求和的值）。清单 4.28 的输出如下：

```
First Dataset:
    Cost      Quarter  Revenue
0 _23500       Q1       40000
1 _34000       Q2       60000
2 _57000       Q3       50000
3 _32000       Q4       30000
Second Dataset:
        Cost     Quarter   Revenue   Total
0     _23500      Q1       40000     16500
1     _34000      Q2       60000     26000
2     _57000      Q3       50000     _7000
3     _32000      Q4       30000     _2000
Sum  _146500   Q1Q2Q3Q4   180000     33500
```

4.5.3 Pandas DataFrame 和 CSV 文件

前面给出的 Python 代码示例中包含的是硬编码的数据。然而，我们通常是通过 CSV 文件来读取数据。你可以使用 Python 的 csv.reader() 函数、NumPy 的 loadtxt() 函数，或者 Pandas 的 read_csv() 函数（本节中展示）来读取 CSV 文件中的内容。

清单 4.29 的 weather_data.py 说明了如何读取一个 CSV 文件，通过 CSV 文件中的内容初始化一个 Pandas DataFrame，并展示 Pandas DataFrame 中各种子数据集。

清单 4.29　weather_data.py

```
import pandas as pd

df = pd.read_csv("weather_data.csv")

print(df)
print(df.shape)  # rows, columns
print(df.head()) # df.head(3)
print(df.tail())
print(df[1:3])
print(df.columns)
print(type(df['day']))
print(df[['day','temperature']])
print(df['temperature'].max())
```

清单 4.29 调用 Pandas 的 read_csv() 函数来读取 CSV 文件 weather_data.csv 中的数据，并通过一系列 print 语句打印 CSV 文件的各部分内容。清单 4.29 的输出如下：

```
day,temperature,windspeed,event
7/1/2018,42,16,Rain
7/2/2018,45,3,Sunny
7/3/2018,78,12,Snow
7/4/2018,74,9,Snow
7/5/2018,42,24,Rain
7/6/2018,51,32,Sunny
```

在某些情况下，你可能需要在某列上附加条件判断，通过执行布尔条件逻辑来“过滤”某些行的值。清单 4.30 的 people.csv 文件包含了 CSV 文件的内容，而清单 4.31 的 people_pandas.py 说明了如何定义一个 Pandas DataFrame 来读取 CSV 文件并进行数据操作。

清单 4.30　people.csv

```
fname,lname,age,gender,country
john,smith,30,m,usa
jane,smith,31,f,france
jack,jones,32,f,france
dave,stone,33,f,france
sara,stein,34,f,france
eddy,bower,35,f,france
```

清单 4.31　people_pandas.py

```
import pandas as pd

df = pd.read_csv('people.csv')
df.info()
print('fname:')
print(df['fname'])
print('____________')
print('age over 33:')
print(df['age'] > 33)
print('____________')
print('age over 33:')
myfilter = df['age'] >  33
print(df[myfilter])
```

清单 4.31 首先通过 CSV 文件 people.csv 中的数据来填充 Pandas DataFrame 的变量 df。接下来的代码打印 df 的结构信息，以及人员的名字。接下来显示了一个六行的表格列表，根据人员是否大于 33 岁填充 True 或者 False。最后显示一个两行的表格列表输出大于 33 岁人员的详细信息。清单 4.31 的输出如下：

```
myfilter = df['age'] >  33
<class 'pandas.core.frame.DataFrame'>
RangeIndex: 6 entries, 0 to 5
Data columns (total 5 columns):
```

```
fname      6 non_null object
lname      6 non_null object
age        6 non_null int64
gender     6 non_null object
country    6 non_null object
dtypes: int64(1), object(4)
memory usage: 320.0+ bytes
fname:
0    john
1    jane
2    jack
3    dave
4    sara
5    eddy
Name: fname, dtype: object
____________
age over 33:
0    False
1    False
2    False
3    False
4     True
5     True
Name: age, dtype: bool
____________
age over 33:
  fname  lname   age   gender  country
4  sara  stein   34      f     france
5  eddy  bower   35      m     france
```

4.5.4 Pandas DataFrame 和 Excel 电子表格

清单 4.32 的 people_xslx.py 说明了如何从一个 Excel 电子表格中读取数据并创建一个 Pandas DataFrame。

清单 4.32　people_xslx.py

```
import pandas as pd

df = pd.read_excel("people.xlsx")
print("Contents of Excel spreadsheet:")
print(df)
```

清单 4.32 的结构很简单——通过 Pandas 的 read_excel() 函数读取电子表格 people.xlsx（它的内容与 people.csv 的内容相同）中的内容并创建 Pandas DataFrame df。清单 4.32 的输出如下：

```
  fname  lname  age gender country
0  john  smith   30      m     usa
1  jane  smith   31      f  france
2  jack  jones   32      f  france
3  dave  stone   33      f  france
4  sara  stein   34      f  france
5  eddy  bower   35      f  france
```

4.5.5 选择、添加和删除 DataFrame 中的列

本节通过简单的代码示例来说明如何像操作一个 Python 字典一样操作一个 DataFrame，例如，使用与 Python 字典操作类似的语法来获取、设置和删除列，示例如下：

```
df = pd.DataFrame.from_dict(dict([('A',[1,2,3]),
( 'B',[4,5,6])]),
orient='index', columns=['one', 'two', 'three'])

print(df)
```

上述代码块的输出如下：

```
   one  two  three
A    1    2      3
B    4    5      6
```

现在我们看一下如下代码在 DataFrame df 上执行的操作：

```
df['three'] = df['one'] * df['two']
df['flag'] = df['one'] > 2
print(df)
```

上述代码块的输出如下：

```
    one  two  three   flag
 A    1    2      2  False
 B    4    5     20   True
```

与 Python 字典一样，列可以被删除或者弹出。如下面的代码块所示：

```
del df['two']
three = df.pop('three')
print(df)
```

上述代码块的输出如下：

```
   one   flag
a  1.0  False
b  2.0  False
c  3.0   True
d  NaN  False
```

当插入一个标量值，它会自动传播填充这一列：

```
df['foo'] = 'bar'
print(df)
```

上述代码块的输出如下：

```
    one   flag  foo
 a  1.0  False  bar
 b  2.0  False  bar
 c  3.0   True  bar
 d  NaN  False  bar
```

当插入一个与 DataFrame 的索引不同的 Series 时，它会自动“同化”为 DataFrame 的索引：

```
df['one_trunc'] = df['one'][:2]
print(df)
```

上述代码块的输出如下：

```
   one   flag  foo   one_trunc
a  1.0  False  bar         1.0
b  2.0  False  bar         2.0
c  3.0   True  bar         NaN
d  NaN  False  bar         NaN
```

你可以直接插入一个原始数组 ndarrays，但是它的长度必须与 DataFrame 的索引数相同。

4.5.6 Pandas DataFrame 和散点图

清单 4.33 的 pandas_scatter_df.py 说明了如何通过 Pandas DataFrame 来创建一个散点图。

清单 4.33 pandas_scatter_df.py

```
import numpy as np
import pandas as pd
import matplotlib.pyplot as plt
from pandas import read_csv
from pandas.plotting import scatter_matrix

myarray = np.array([[10,30,20],
[50,40,60],[1000,2000,3000]])

rownames = ['apples', 'oranges', 'beer']
colnames = ['January', 'February', 'March']

mydf = pd.DataFrame(myarray, index=rownames,
columns=colnames)

print(mydf)
print(mydf.describe())

scatter_matrix(mydf)
plt.show()
```

清单 4.33 由几个导入语句开始，然后定义一个 NumPy 数组 myarray。接下来分别用 rownames 和 colnames 变量为行名和列名初始化变量 mydf，以便在行和列上面打上标签。输出如下：

```
           January   February   March
apples        10        30        20
oranges       50        40        60
beer        1000      2000      3000
           January     February        March
count     3.000000     3.000000     3.000000
mean    353.333333   690.000000  1026.666667
std     560.386771  1134.504297  1709.073823
min      10.000000    30.000000    20.000000
25%      30.000000    35.000000    40.000000
```

```
50%      50.000000    40.000000    60.000000
75%     525.000000  1020.000000  1530.000000
max    1000.000000  2000.000000  3000.0000000
```

4.5.7 Pandas DataFrame 和简单统计

清单 4.34 的 housing_stats.py 说明了如何在 Pandas DataFrame 中收集基本统计信息。

清单 4.34　housing_stats.py

```
import pandas as pd

df = pd.read_csv("Housing.csv")

minimum_bdrms = df["bedrooms"].min()
median_bdrms  = df["bedrooms"].median()
maximum_bdrms = df["bedrooms"].max()

print("minimum # of bedrooms:",minimum_bdrms)
print("median  # of bedrooms:",median_bdrms)
print("maximum # of bedrooms:",maximum_bdrms)
print("")

print("median values:",df.median().values)
print("")

prices = df["price"]
print("first 5 prices:")
print(prices.head())
print("")

median_price = df["price"].median()
print("median price:",median_price)
print("")

corr_matrix = df.corr()
print("correlation matrix:")
print(corr_matrix["price"].sort_values(ascending=False))
```

清单 4.34 使用 CSV 文件 Housing.csv 内容创建 Pandas DataFrame 变量 df。随后的三个变量分别对应卧室的最小值、中位数和最大值，并且把它们打印出来。

清单 4.34 接下来用 Pandas DataFrame 的价格列内容初始化变量 prices，然后通过 prices.head() 语句打印它的前五行，之后打印价格的中位数值。

清单 4.34 最后定义变量 corr_matrix 并计算 Pandas DataFrame df 的相关性矩阵，然后打印它的内容。清单 4.34 的输出如下：

```
Apples
10
```

4.5.8 Pandas 中简单有用的命令

本节归纳整理了一些 Pandas 中的单行命令（其中一些你已经在本章中看到），这些命令非常有用：

保存 DataFrame 到一个 CSV 文件（逗号分隔并且无索引）：

```
df.to_csv("data.csv", sep=",", index=False)
```

列出 DataFrame 的列名：

```
df.columns
```

丢弃 DataFrame 中的缺失值：

```
df.dropna(axis=0, how='any')
```

替换 DataFrame 中的值：

```
df.replace(to_replace=None, value=None)
```

检查 DataFrame 中的无效值：

```
pd.isnull(object)
```

在 DataFrame 中删除一个特性：

```
df.drop('feature_variable_name', axis=1)
```

将 DataFrame 数据转化为浮点类型：

```
pd.to_numeric(df["feature_name"], errors='coerce')
```

转化 DataFrame 为 NumPy 数组：

```
df.as_matrix()
```

显示 DataFrame 的前 n 行：

```
df.head(n)
```

通过指定特性名获取 DataFrame 中的数据：

```
df.loc[feature_name]
```

将函数应用到 DataFrame: 将 DataFrame 中 “height” 列的所有值乘以 3:

```
df["height"].apply(lambda height: 3 * height)
```

或者：

```
def multiply(x):
    return x * 3
df["height"].apply(multiply)
```

重命名 DataFrame 的第四列为 “height”：

```
df.rename(columns = {df.columns[3]:'height'},
inplace=True)
```

在 DataFrame 中获取“first”列的唯一值条目：

```
df[""first"].unique()
```

从既有的 DataFrame 的“name”列和“size”列创建一个新的 DataFrame：

```
new_df = df[["name", "size"]]
```

对 DataFrame 中的数据做排序：

```
df.sort_values(ascending = False)
```

过滤“size”列中数值为 7 的数据：

```
df[df["size"] == 7]
```

选择 DataFrame 中“height”列的第一行数据：

```
df.loc([0], ['height'])
```

本章关于 Pandas 的介绍至此告一段落。下一章将简要介绍 Jupyter，它是一个基于 Flask 的 Python 应用程序，允许你在浏览器中执行 Python 代码。你将使用 Jupyter “notebooks”代替 Python 脚本，它支持各种交互特性来执行 Python 代码。此外，谷歌的 Colaboratory（将在后续讨论）也支持浏览器中的 Jupyter 笔记本，所以当你打算使用它时，Jupyter 的知识将派上用场。

4.6 小结

本章介绍了关于 Pandas 创建带标签列的 DataFrame 以及展示 Pandas DataFrame 的元数据内容。至此你已经学会了如何基于各种数据（例如随机数或硬编码的数据源）来创建 Pandas DataFrame。

你还掌握了如何读取 Excel 电子表格中的数据并在其上执行数值计算，例如数字列的最小值、平均值、最大值。之后你看到了如何用 CSV 文件中的数据来创建 Pandas DataFrame。然后你学习了如何调用 Web 服务来检索数据并使用该数据填充 Pandas DataFrame。此外，你还了解了如何从 Pandas DataFrame 的数据生成散点图。最后，你了解了如何使用 Jupyter，这是一个基于 Python 的应用程序，用于在浏览器中显示和执行 Python 代码。

CHAPTER 5

第 5 章

机器学习

本章将介绍机器学习中的众多概念，比如特征选择、特征工程、数据清洗、训练集和测试集。

5.1 节简要讨论机器学习和准备数据集通常所需的步骤顺序。这些步骤包括特征选择或特征提取，可以使用各种算法执行。

5.2 节描述你可能会遇到的数据类型、使用数据集中的数据可能出现的问题，以及如何修复这些问题。当执行训练步骤时，你还将了解保留法（hold out）和 k 折验证（k-fold）之间的区别。

5.3 节简要讨论线性回归所涉及的基本概念。尽管线性回归发展于 200 多年前，但其仍然是解决统计和机器学习问题的核心技术之一。实际上，在 Python 和 TensorFlow 中均使用了均方误差（MSE）技术来寻找二维平面（或更高维度的超平面）中数据样本的最佳拟合线，以最小化损失函数后面将讲到。

5.4 节是附加的代码示例，均使用 `NumPy` 中的标准方法执行线性回归任务。因此，如果你熟悉这个主题，可以快速浏览 5.4.1 节和 5.4.2 节。5.4.3 节介绍如何使用 `Keras` 解决线性回归问题。

需注意，虽然这里提及了一些算法，但没有深入研究其细节。有一些算法将在第 6 章详细讨论，其他未详细讨论的算法可以在网上搜索更多相关信息。

5.1　什么是机器学习

从高层次的角度讲，机器学习是 AI 的一个子集，可以解决更多传统编程语言无法完成或过于烦琐的任务。电子邮件的垃圾邮件过滤器是机器学习的早期示例。机器学习的准确性通常会淘汰旧算法。

尽管机器学习算法多种多样，但数据比所选算法更重要。数据可能会出现许多问题，例如数据量不足、数据质量差、数据不正确、数据缺失、不相关的数据、重复的数据值等。在本章的后面，你将看到许多解决这些数据相关问题的方法。

如果你不熟悉机器学习术语，那么这里简要介绍一下。数据集是数据的集合，其形式可以是 CSV 文件或电子表格。每列称为特征，每行则是一个数据样本，其中包含每个特征的一组特定值。如果一个数据集包含客户的相关信息，则每行都是一位特定客户。

你将遇到三种主要的机器学习类型（也可能是它们的组合）：

- 有监督学习。
- 无监督学习。
- 半监督学习。

*有监督学习*意味着数据集中的数据样本有一个标识其内容的标签。例如，MNIST 数据集包含 28×28 的 PNG 文件，每个文件都包含一个手绘数字（即 0 到 9，共 10 个数字）。每个数字为 0 的图像标签均为 0；每个数字为 1 的图像标签均为 1；所有其他图像均根据这些图像中显示的数字进行标记。

另一个例子，泰坦尼克号数据集中的列是乘客的特征，如他们的性别、舱位、票价、乘客是否幸存等。每行是每一位乘客的信息，如果乘客幸存，该数值为 1。MNIST 数据集和泰坦尼克号数据集都涉及*分类*任务：目标是根据训练数据集训练模型，然后预测测试数据集中每行的类别。

通常，用于分类任务的数据集具有小范围的可能值：如 0 到 9 范围内的十个数字之一，四种动物（狗、猫、马、长颈鹿）之一，两个值（幸存或离世、已购买或未购买）之一。根据经验，如果可以在一个下拉列表中以相对较少（主观数目）的值显示结果，则可能是分类任务。

对于包含房地产数据的数据集，每行包含具体房屋的相关信息，例如卧室的数量、房屋的平方英尺（1 平方英尺＝ 0.092 903 0 平方米）、浴室的数量、房屋的价格等。在这个数据集中，房屋价格是每一行的标签。请注意，房屋的可能价格范围太大，无法很好地适应下拉列表。房地产数据集涉及的是*回归*任务：目标是基于训练数据集训练模型，然后预测测试数据集中每个房屋的价格。

*无监督学习*适用于不含标签的数据，通常情况下是*聚类*算法（稍后讨论）。涉及*聚类*的一些重要的无监督学习算法如下：

- k-Means。
- 层次聚类分析（HCA）。
- 期望最大化。

涉及降维的一些重要的无监督学习算法（稍后将详细讨论）如下：

- 主成分分析（PCA）。
- 核主成分分析（核 PCA）。
- 局部线性嵌入（LLE）。

● t- 分布随机邻域嵌入（t-SNE）。

还有另一个非常重要的无监督任务，称为异常检测。此任务与欺诈检测和异常值检测有关（稍后将详细讨论）。

半监督学习是有监督学习和无监督学习的结合：有些数据样本有标签，有些数据样本没有标签。有种方法通过使用有标签数据对无标签数据进行分类（即进行标记），然后就可以使用分类算法。

5.1.1 机器学习算法的类型

机器学习算法主要有三种类型：

● 回归（例如，线性回归）。

● 分类（例如，k 近邻）。

● 聚类（例如，k-Means）。

回归是一种预测数值量的有监督学习方法。回归任务的一个示例是预测特定股票的价值。请注意，此任务不同于预测明天（或其他某个未来时间段）特定股票的价值是否会增加或减少。回归任务的另一个示例是，预测房地产数据集中房屋的价格。这两个任务都是回归任务。

机器学习中的回归算法包括线性回归和广义线性回归（在传统统计学也称为多元分析）。

分类也是一种有监督学习方法，用于预测数字或类别量。分类任务的一个示例是检测垃圾邮件、欺诈案件，或确定 PNG 文件（例如 MNIST 数据集）中的数字。在这种情况下，数据已经是有标签的，因此你可以将预测的标签与给定 PNG 文件的标签进行比较。

机器学习中的分类算法包括下列算法（在第 6 章将会详细讨论）：

● 决策树（单棵树）。

● 随机森林（多棵树）。

● kNN（k 最近邻）。

● 逻辑回归。

● 朴素贝叶斯。

● 支持向量机（SVM）。

一些机器学习算法（如 SVM、随机森林和 kNN）既支持回归，也支持分类。对于 SVM，scikit-learn 提供两个 API 实现此算法：用于分类的 SVC 和用于回归的 SVR。

上述算法中的每一个模型都需要在数据集上训练，之后使用该模型进行预测。相比之下，随机森林由多棵独立的树组成（其数目由你指定），并且每棵树都对特征的值进行预测。如果特征是数值型变量，则取均值或众数（或采取其他统计计算）以确定最终预测。如果特征是分类变量，则使用众数（即出现次数最多的类）作为结果，如果出现众数相等的情况，则可以随机选择其中之一。

下面的链接包含有关 kNN 分类和回归算法的更多信息：

http://saedsayad.com/k_nearest_neighbors_reg.htm

聚类是将相似数据分组在一起的无监督学习技术。聚类算法将数据样本放在不同的集群中，且并不需要了解数据样本的性质。将数据分成不同的集群后，可以使用 SVM 算法进行分类。

机器学习中的聚类算法如下所示（其中一些是某些算法的变体）：

- k-Means。
- 均值漂移。
- 层次聚类分析（HCA）。
- 期望最大化。

请记住下列几点。首先，k-Means 中的 k 值是一个超参数，为避免两个类难分彼此，通常为奇数。其次，均值漂移算法是 k-Means 算法的一个变体，不需要指定 k 值。实际上，均值漂移算法确定了最佳的集群数。但这种算法在大型数据集上表现不佳。

机器学习任务

除非数据集已经进行了清洗，否则，你需要检查数据集中的数据以确保其适于使用。数据准备阶段包括：

1）检查行（数据清洗）以确保其中包含有效数据（这可能需要相关领域的知识）。

2）检查列（特征选择或特征提取）以确定是否只需要保留最重要的列。

此处列出了一套机器学习任务顺序的高级列表（其中一些可能不需要）：

- 获取数据集。
- 数据清洗。
- 特征选择。
- 降维。
- 算法选择。
- 训练与测试数据。
- 训练模型。
- 测试模型。
- 模型调优。
- 获取模型评测指标。

首先，你显然需要获取数据集。在理想情况下，该数据集已经存在，否则需要从一个或多个数据源（例如，CSV 文件、关系型数据库、非关系型（no-SQL）数据库、Web 服务等）中挑出所需数据。

其次，需要进行数据清洗，可以使用下列方法完成：

- 缺失值比例。
- 低方差过滤器。

- 高相关性过滤器。

通常，数据清洗涉及检查数据集中的数据值，以解决下述一个或多个问题：

- 修正不正确的值。
- 解决重复值。
- 解决缺失值。
- 决定如何处理异常值。

如果数据集缺失太多值，则需考虑缺失值比例。在极端情况下，可以删除有大量缺失值的特征。低方差过滤器可以从数据集中识别和删除特征为常数的值。高相关性过滤器可以查找高度相关的特征（它们会增加数据集的多重共线性），这样的特征可以从数据集中删除（但在执行此操作之前，请先咨询这方面的领域专家）。

根据你的背景和数据集的性质，你可能需要与一位领域专家合作，该专家需要对数据集的内容有深刻的了解。

例如，你可以使用统计值（均值、众数等）将不正确的值替换为合适的值，重复值可以用类似的方式处理。在数值型变量的列中，可以用零、最小值、均值、众数或最大值替换缺失的数值；在分类型变量的列中，可以用类别列的众数替换缺失的类别值。

如果数据集中的行包含一个异常值，那么有三种解决方案：

- 删除行。
- 保持行。
- 将异常值替换为其他值（如均值）。

当数据集包含异常值时，需要基于给定数据集的特定领域知识作出决策。

假设数据集包含与股票相关的信息。你可能知道，1929 年股市崩盘，因此可以将其视为异常值。这种情况很少见，但有可能包含有意义的信息。顺便说一句，20 世纪某些家庭的财富是因在大萧条时期购入大批价格很低的股票而得来的。

5.1.2　特征工程、特征选择和特征提取

除了创建数据集和清洗数据外，你还需要检查数据集的特征，以确定是否可以减少数据集的维数（即列数）。在这个过程中涉及三种主要方法：

- 特征工程。
- 特征选择。
- 特征提取（又称特征投影）。

特征工程是根据现有特征的组合确定一组新特征的过程，以便为给定任务创建有意义的数据集。即使在相对简单的数据集的情况下，此过程通常也需要领域专家。特征工程可能是乏味且高代价的，在某些情况下，你可能会考虑使用自动的特征学习。创建数据集后，最好进行特征选择或特征提取（或两者均采用）以确保拥有高质量的数据集。

特征选择也称为变量选择、属性选择或变量子集选择。特征选择涉及选择数据集中相

关特征的子集。本质上，特征选择涉及选择数据集中最重要的特征，这有以下几点好处：

- 减少训练时间。
- 更易解释的较简单模型。
- 避免维数灾难。
- 由于减少了过拟合（减小了方差），泛化效果更好。

特征选择技术通常用于特征很多且样本（或数据样本）相对较少的领域。请记住，一个低价值的特征可能是多余的或是无关的，但这是两个不同的概念。举例来说，当一个相关特征与另一个高度相关的特征可以合并时，它可能是多余的。

特征选择可以使用三种策略：过滤法策略（例如，信息增益）、包装法策略（例如，以准确性为指导的搜索）和嵌入法策略（在开发模型时使用预测误差来确定是否包含或排除某些特征）。另一个有趣的点是，特征选择对于回归以及分类任务也很有用。

特征提取从产生原始特征组合的函数中创建新特征。与此相反，特征选择涉及确定现有特征的子集。

特征选择和特征提取均会导致给定数据集的降维，这是下一节的主题。

5.1.3　降维

降维是指减少数据集中特征数量的算法，因此术语得名降维。正如你将看到的，许多现有的方法都涉及特征选择或特征提取。

下面列出了使用特征选择进行降维处理的算法：

- 反向特征消除。
- 前向特征选择。
- 因子分析。
- 独立成分分析。

下面列出了使用特征提取进行降维处理的算法：

- 主成分分析（PCA）。
- 非负矩阵分解（NMF）。
- 核 PCA。
- 基于图的核 PCA。
- 线性判别分析（LDA）。
- 广义判别分析（GDA）。
- 自编码器。

以下算法结合了特征提取和降维功能：

- 主成分分析（PCA）。
- 线性判别分析（LDA）。
- 典型相关分析（CCA）。

● 非负矩阵分解（NMF）。

在数据集上使用聚类或其他算法（例如 kNN）之前，可在预处理步骤中使用这些算法。

另一组算法涉及基于投影的方法，其中包括 t- 分布随机邻域嵌入（t-SNE）以及 UMAP（统一流形近似和投影）。

下面将讨论 PCA，你可以在网上查找关于其他算法的更多信息。

1. PCA

主成分是数据集中初始变量的线性组合的新成分。这些成分互无相关性，且包含最有意义或最重要的信息。

PCA 有两个优点：1) 由于减掉了很多特征，计算时间得以减少；2) 如果最多有三个成分，就可以用图表示出来。如果有四个或五个成分，就无法直观地进行可视化，但是可以选择其中三个成分作为子集进行可视化，以此对数据集获得更多了解。

PCA 使用方差作为衡量信息的标准，方差越大，该成分越重要。事实上，我们在这里略微超前一点：PCA 确定协方差矩阵的特征值和特征向量（后面会讨论），并构造一个新的矩阵，这个矩阵的各列为特征向量，并按照从大到小的顺序依次将特征向量从左到右排序各列。

2. 协方差矩阵

作为提示，在统计学中，随机变量 X 的方差定义如下：

```
variance(x) = [SUM (x - xbar)*(x-xbar)]/n
```

协方差矩阵 C 是 n×n 矩阵，其主对角线上的值是变量 X1，X2，…，Xn 的方差。C 中的其他值是每对变量 Xi 和 Xj 的协方差值。

变量 X 和 Y 的协方差的公式是某一变量方差的一般化形式，如下所示：

```
covariance(X, Y) = [SUM (x - xbar)*(y-ybar)]/n
```

需要注意的是，你可以反转两项乘积的顺序（乘法满足交换律），因此协方差矩阵 C 是对称矩阵：

```
covariance(X, Y) = covariance(Y,X)
```

PCA 计算的就是协方差矩阵 A 的特征值和特征向量。

5.2　使用数据集

除了清洗数据外，还需要执行其他几个步骤，例如，选择训练数据与测试数据，以及确定在训练过程中使用保留法（hold out）还是交叉验证法（cross-validation）。更多详细信息请见后续部分。

5.2.1　训练数据与测试数据

完成本章前面介绍的几个任务（即数据清洗和降维）后，可将数据集分为两部分：第一部分是训练集，用于训练模型；第二部分是测试集，用于推断（预测的另一种术语表达）。对于测试集，你要确保遵守下列准则：

1）数据集要足够大，可以产生具有统计意义的结果。

2）具有代表性，可代表整个数据集。

3）不要用测试集训练模型。

4）不要用训练集测试模型。

5.2.2　什么是交叉验证

交叉验证的目的是使用不重复的测试集测试模型，步骤如下：

1）将数据拆分为大小相等的 k 个子集。

2）选择一个子集进行测试，用其他子集进行训练。

3）对其他 $k-1$ 个子集重复步骤 2。

此过程称为 k 折交叉验证，总误差估计是误差估计的平均值。标准的评估方法使用十折交叉验证。大量实验表明，10 个子集是获得准确估计的最佳选择。在实际中，你可以重复十折交叉验证十次，然后计算结果的平均值，这有助于减少方差。

5.2.3 节将讨论正则化。如果你主要感兴趣的是 TF2 代码，那么正则化虽然是一个重要的主题但属于可选学内容。如果你打算精通机器学习，那必须学习正则化。

5.2.3　正则化

正则化有助于解决过拟合问题，当模型在训练集上表现良好但在验证或测试集上表现不佳时，就会发生过拟合问题。

正则化通过将惩罚项添加到代价函数来解决此问题，从而利用这一惩罚项控制模型的复杂性。正则化通常可用于下列几种情况：

- 变量的数量非常多。
- 观测值数量 / 变量数量的比值较低。
- 多重共线性很高。

有两种主要的正则化类型：L1 正则化（与 MAE 或平均绝对误差有关）和 L2 正则化（与 MSE 或均方误差有关）。通常，L2 的性能要优于 L1，并且在计算方面也更高效。

1. 机器学习和特征缩放

特征缩放是对数据的特征范围进行标准化。此步骤可在数据预处理时执行，这么做的部分原因是特征缩放有益于梯度下降。

假设数据符合标准正态分布，标准化就是指将每个数据减去均值并除以标准差，从而得出 N(0,1) 正态分布。

2. 数据归一化与标准化

数据归一化是一种线性缩放技术。假设数据集的值为 {X1，X2，…，Xn}，并有以下项：

```
Minx = Xi的最小值
Maxx = Xi的最大值
```

现在按照下列方法，计算一组新的 Xi 值：

```
Xi = (Xi - Minx)/[Maxx - Minx]
```

现在新的 Xi 值已经过缩放，取值范围在 0 到 1 之间。

5.2.4　偏差 – 方差的权衡

机器学习中的*偏差*可能是由学习算法中的错误假设导致的误差。高偏差可能会导致算法错失特征与目标输出之间的相关关系（即欠拟合）。数据的噪声、不完整的特征集或有偏差的训练样本都可能会导致预测偏差。

偏差引起的误差是模型的预期（或平均）预测与要预测的正确值之间的差。多次重复模型的构建过程，每次积累新数据，执行分析以生成新模型。由于基础数据集具有一定程度的随机性，所得模型只可预测一定范围。偏差衡量了这些模型的预测值相对正确值的程度。

机器学习中的*方差*是均值的平方偏差的期望值。高方差可能会导致算法模型考虑了训练集中的随机噪声，而没有考虑预期的输出（即过拟合）。

向模型中添加形参会增加模型的复杂性，提高方差，减少偏差。处理偏差和方差分别就是处理欠拟合和过拟合。

方差导致的误差是模型预测在给定数据样本产生的变异性。如前所述，重复整个模型构建过程，方差是给定数据样本的预测值在模型的不同推断之间变化的程度。

5.2.5　模型性能的衡量指标

评估机器学习模型性能的指标有很多，其中包括：

- R- 平方（R^2）
- 混淆矩阵。
- 准确率、精度与召回率。
- ROC 曲线。

RSS（残差平方和）、TSS（总离差平方和）和 R^2 的定义如下所示，其中 y^ 是最佳拟合线上的点的 y 坐标，而 y_ 是数据集中这些点的 y 值的平均值：

RSS=(y-y^)**2

TSS=(y-y_)**2

R^2=1-RSS/TSS

1. R– 平方

R- 平方是最常用的指标之一，它衡量数据与拟合的回归线（回归系数）的接近程度。R- 平方值始终是 0% 到 100% 之间的百分数。R- 平方为 0% 表示该模型无法解释响应数据均值附近的变异性。R- 平方为 100% 表示该模型解释了响应数据均值附近的所有变异性。通常，较高的 R- 平方值表示较好的模型。

尽管较高的 R- 平方值是我们所追求的，但不一定总是好的。同样，低 R- 平方值并不总是坏的。例如，用于预测人类行为的 R- 平方值通常小于 50%。R- 平方不能确定系数估计和预测是否有偏差。此外，R- 平方值并不能说明某个回归模型是否充分。因此一个好的模型，可能有一个低的 R- 平方值，而一个不好的模型，可能有一个高的 R- 平方值。R- 平方值的评估可结合残差图、其他模型统计量和领域知识来评估。

2. 混淆矩阵

以最简单的形式解释，混淆矩阵（也称为错误矩阵）是一个两行两列的列联表，其中包含假阳性、假阴性、真阳性和真阴性的数量。2 × 2 混淆矩阵中的四个条目可以标记为：

- TP：真阳性。
- FP：假阳性。
- TN：真阴性。
- FN：假阴性。

混淆矩阵的对角线值是正确的预测，而对角线之外的值是错误的预测。通常，一个较低的 FP 值要优于一个 FN 值。举个例子，FP 表明健康人被错误地诊断为患病，而 FN 则表明患者被错误地诊断为健康。

3. 准确率、精度与召回率

2 × 2 混淆矩阵具有四个条目，分别代表正确和错误分类的各种组合。根据前面的定义，准确率、精度与召回率的计算公式如下：

准确率 =(TP+TN)/[P+N]

精度 =TP/(TP+FP)

召回率 =TP/[TP+FN]

准确率有可能不是一个可靠的指标，因为它会在不平衡的数据集中产生误导性的结果。当不同类别中的观察值数量明显不同时，它对假阳性和假阴性都分配同等的重要性。举个例子，宣布肿瘤为良性要比错误地告知患者他们患上了癌症要糟糕得多。但不幸的是，这两种情况的准确率并没有区别。

需注意的是，混淆矩阵可以是 $n \times n$ 矩阵，而不仅仅是 2 × 2 矩阵。如果一个类有 5 个可能的值，则混淆矩阵为 5 × 5 矩阵，主对角线上的数字为真阳性。

4. ROC 曲线

受试者操作特征（ROC）曲线是绘制真阳性率（TPR，即召回率）与假阳性率（FPR）的曲线。需注意，真阴性率（TNR）也称为特异度。

以下链接是使用 SKLearn 和 Iris 数据集的 Python 代码示例，以及绘制 ROC 的代码：

https://scikit-learn.org/stable/auto_examples/model_selection/plot_roc.html

以下链接是绘制 ROC 的各种 Python 代码示例：

https://stackoverflow.com/questions/25009284/how-to-plot-roc-curve-in-python

5. 其他统计术语

（1）F1 分数

F1 分数是对一个试验方法准确性的度量，其定义是精度和召回率的调和平均值。以下是计算公式，其中 p 是精度，r 是召回率：

p=(真阳性的数量)/(所有判断为阳性的数量)

r=(真阳性的数量)/(所有相关样本的数量)

F1 分数 =1/[((1/r)+(1/p))/2]

=2*[p*r]/[p+r]

F1 分数的最佳值为 1，最差值为 0。需注意的是，F1 分数倾向于用在分类问题，而 R^2 值通常用于回归任务（例如线性回归）。

（2）p 值

如果 p 值足够小（小于 0.005），则 p 值用于拒绝原假设。原假设的陈述是，因变量（如 y）和自变量（如 x）之间没有相关性。p 的阈值通常为 1% 或 5%。

p 值始终在 0 到 1 之间，但并非可以通过一个简单的公式计算得出。事实上，p 值是用于评估原假设的统计量，由 p 值表或电子表格 / 统计软件得出。

5.3　线性回归

线性回归的目标是找到代表数据集的最佳拟合线。请记住两个关键点：第一，最佳拟合线不一定穿过数据集中的所有（或大部分）点，最佳拟合线的目的是使该线与数据集中的点的垂直距离最小；第二，线性回归并不能确定最佳拟合多项式，后者需要找到经过数据集中许多点的更高阶多项式。

此外，平面中的数据集可以包含两个或多个位于同一垂直线上的点，也就是说，这些点具有相同的 x 值。但是，一个函数无法通过这样的一对数据样本：如果两个点 (x1,y1) 和 (x2,y2) 具有相同的 x 值，则它们必须具有相同的 y 值（即 y1=y2）。但是一个函数可以在同一水平线上有两个或多个点。

现在考虑一个散点图，其平面上有许多点，这些点聚类成细长的云状形状——最佳拟合线只会与有限数量的点相交（事实上，最佳拟合线有可能不会与任何点相交）。

还有一种情况也需注意：假设数据集中有一组点位于同一条线上。例如，假设 x 值属于集合 {1,2,3,…,10}，而 y 值属于集合 {2,4,6,…,20}，那么最佳拟合线的方程为 y=2*x+0。在这种情况下，所有点都是共线性的，也就是说，它们位于同一条线上。

5.3.1　线性回归与曲线拟合

假设数据集由 (x,y) 形式的 n 个数据样本组成，并且没有两个数据样本具有相同的 x 值。然后根据一个著名的数学结果，有一个小于或等于 n-1 次的多项式经过这 n 个点（如果读者确实很感兴趣，可以在网上找到此陈述的数学证明）。例如，一条线是一个一次多项式，它可以与平面中的任意一对非垂直点相交。对于平面中的任意三点（并非全部在同一条线上），存在一个通过这些点的二次方程。

另外，有时可以使用低次多项式。例如，考虑 100 个点的集合，其中 x 值等于 y 值，在这种情况下，线 y=x（一次多项式）穿过所有 100 个点。

但是请记住，一条线在平面上代表一组点的程度取决于一条线可以在多大程度上近似地逼近这些点，这一程度是由这些点的*方差*来衡量的（方差是一个统计量）。点越共线性，方差越小；相反，点越分散，方差越大。

5.3.2　何时的解是准确值

基于统计量的解提供了线性回归的封闭解，而神经网络提供的是近似解。由于机器学习的线性回归算法包含一个收敛到最佳值的近似序列，这表明机器学习算法会生成精确值的估计。例如，对于二维平面的一组点而言，最佳拟合线的斜率 m 和 y 轴截距 b 在统计上具有封闭解，但只能通过机器学习算法来近似得出（的确会有例外情况，但非常少见）。

需注意，即使传统线性回归的封闭解提供了 m 和 b 的精确值，但有时也只能使用精确值的近似值。例如，假设最佳拟合线的斜率 m 等于 3 的平方根，y 轴截距 b 是 2 的平方根。如果你打算在源代码中使用这些值，你只能使用这两个数字的近似值。但在相同的情况下，神经网络计算的是 m 和 b 的近似值，不论 m 和 b 的准确值是无理数、有理数还是整数。但机器学习算法更适合于复杂、非线性、多维的数据集，这些情况都超出了线性回归的模型容量。

举一个简单的例子，假设线性回归问题的封闭解生成的 m 和 b 为整数或有理数。具体来说，假设封闭解的最佳拟合线的斜率和 y 轴截距的值分别为 2.0 和 1.0，则该直线的方程式如下：

```
y = 2.0 * x + 1.0
```

但训练神经网络得到的相应解可能会生成最佳拟合线的斜率 m 和 y 轴截距 b 分别为 2.0001 和 0.9997。在训练神经网络时请务必注意这一点。

5.3.3　什么是多元分析

多元分析将欧几里得平面中的直线方程推广到更高维，称为超平面。广义方程具有以下形式：

```
y = w1*x1 + w2*x2 + . . . + wn*xn + b
```

在二维线性回归的情况下，你只需要找到斜率（m）和 y 轴截距（b）的值，而在多元分析中，需要找到 w1,w2,…,wn 的所有值。要注意的是，多元分析是统计中的一个术语，在机器学习中，通常称为广义线性回归。

请记住，本书中与线性回归有关的大多数代码示例都是在欧几里得平面中的二维点。

5.3.4　其他类型的回归

线性回归可以找到代表数据集的最佳拟合线，但如果平面中的线与数据集的拟合度不高怎么办？这类问题常常会在处理数据集时遇到。

线性回归的一些替代方法包括二次方程、三次方程或高次多项式。但是，这些替代方案需要权衡取舍，我们将在后面讨论。

另一个可能的方案是涉及分段线性函数的混合方法，由一组直线段构成。如果是连续的线段连接在一起，那么就是分段线性连续函数，否则就是分段线性不连续函数。

因此，给定平面中的一组点，回归要解决如下问题：

1. 哪种类型的曲线适合拟合数据？我们从何得知？
2. 其他类型的曲线是否可以更好地拟合数据？
3. “最佳拟合”是什么意思？

视觉观察是检查一条直线是否可以很好地拟合数据的方法。但是这种方法不适用于二维以上的数据样本，而且这个判断也比较主观，本章后面将有一些样本数据集的示例。通过对数据集的直观检查，你可能会认为二次多项式或三次（甚至更高次）的多项式有可能更适合数据。但是这种方法仅限于二维平面或三维平面上的点。

我们暂时先不考虑非线性情况，假设一条线对数据的拟合非常好。最小化均方误差（MSE）是寻找“最佳”拟合线的一个很有名的方法，将在稍后讨论。

下面将简要复习平面中的线性方程，并提供一些示例图解释说明线性方程。

5.3.5　平面中对直线的处理（选读）

本节将简要介绍欧几里得平面中的直线。如果你熟悉这个主题，可以跳过本节。一个经常被忽略的知识点是，欧几里得平面中直线的长度是无限的。如果选择一条直线的两个不同点，这两个选定点之间的所有点组成一条线段。射线是在一个方向上无限的线：当选择一个点作为端点时，该点一侧的所有点构成一条射线。

例如，平面中 y 坐标为 0 的点是一条线，同时也是 x 轴，而 x 轴上的 (0,0) 和 (1,0) 之间的点形成线段。在 (0,0) 右侧的 x 轴上的点构成一条射线，在 (0,0) 左侧的 x 轴上的点也构成一条射线。

为了简化和方便起见，在本书中，我们不区分术语“直线”和“线段”。现在我们将深入研究欧几里得平面中直线的有关细节。为了以防读者对细节背景知识印象不深，这里绘出欧几里得平面中（非垂直）线的方程式：

```
y = m*x + b
```

m 的值是直线的斜率，b 的值是 y 轴截距（即直线与 y 轴相交的位置）。

若有必要，可使用更通用的方程式，同时也能表示垂直线，如下所示：

```
a*x + b*y + c = 0
```

但本书不涉及垂直线，因此我们只使用第一个公式。

图 5.1 显示了三条水平线，其方程（从上到下）分别为 y=3、y=0 和 y=-3。

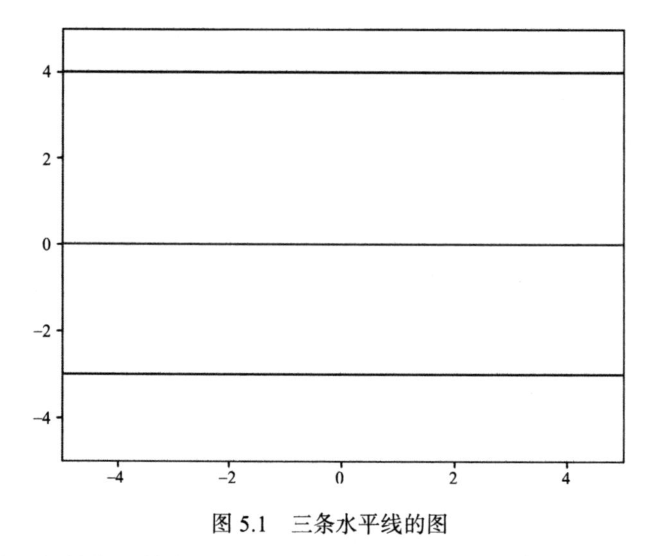

图 5.1　三条水平线的图

图 5.2 显示了两条斜线，其方程分别为 y=x 和 y=-x。

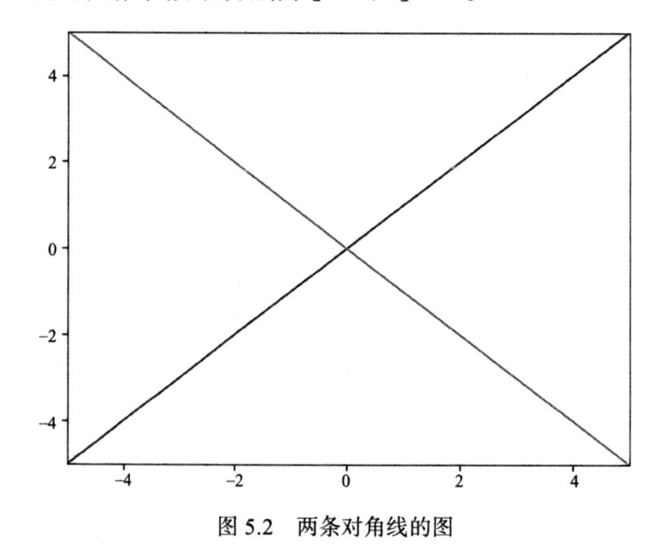

图 5.2　两条对角线的图

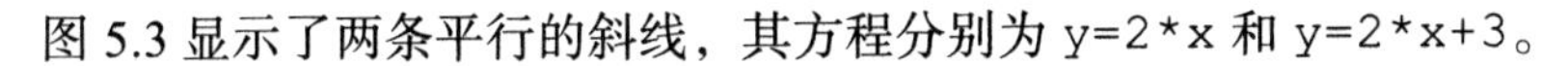

图 5.3 显示了两条平行的斜线，其方程分别为 `y=2*x` 和 `y=2*x+3`。

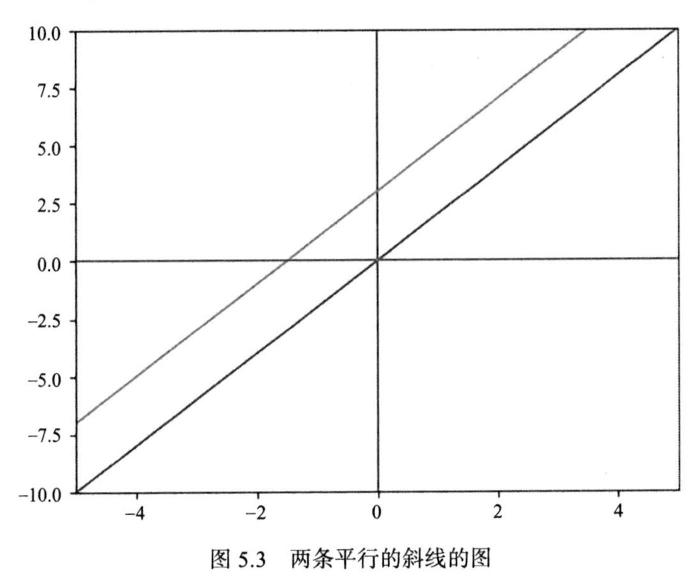

图 5.3　两条平行的斜线的图

图 5.4 显示了由线段连接组成的分段直线图。

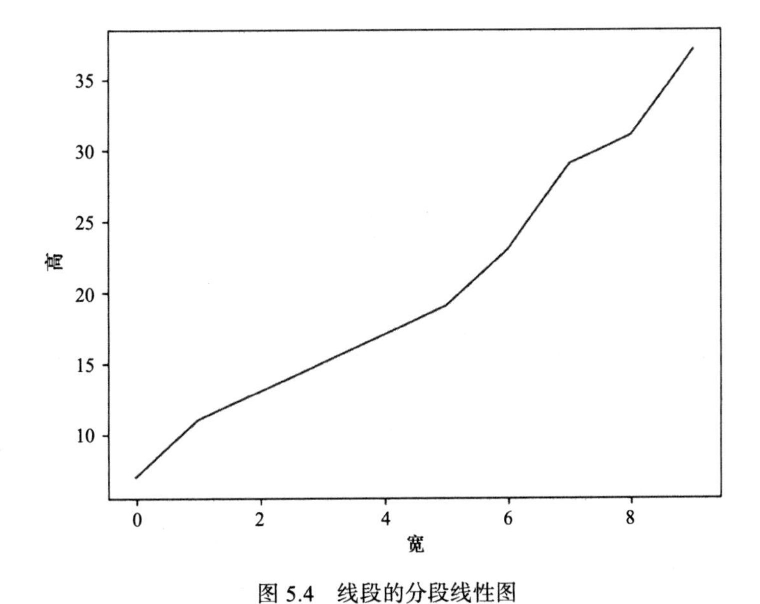

图 5.4　线段的分段线性图

现在，我们将聚焦在如何使用 `NumPy` API 生成准随机数据，并用 Matplotlib 绘制数据。

5.4　求解线性回归问题的示例

5.4.1　使用 NumPy 和 Matplotlib 绘制散点图

清单 5.1 的 np_plot1.py 说明了如何用 NumPy randn() API 生成数据集，然后用 Matplotlib 中的 scatter() API 绘制数据集中的点。

需要注意的一个细节是，所有相邻的水平线上的数值等距分布，而垂直线上的数值则基于线性方程式加上“扰动”值。本章的代码示例中使用了这种*扰动方法*（并非标准术语），以便在绘制数据样本时增加一些随机的效果。这种方法的优势在于，可预先知道 m 和 b 的最佳拟合值，因此不必再去猜测它们的数值。

清单 5.1　np_plot1.py

```
import numpy as np
import matplotlib.pyplot as plt

x = np.random.randn(15,1)
y = 2.5*x + 5 + 0.2*np.random.randn(15,1)

print("x:",x)
print("y:",y)

plt.scatter(x,y)
plt.show()
```

清单 5.1 以两个 import 语句开头，然后用 0 到 1 之间的 15 个随机数初始化数组变量 x。

下一步，数组变量由两部分定义得出：第一部分是线性方程 2.5*x + 5，第二部分是基于随机数的“扰动”值。因此，数组变量 y 模拟了一组非常近似的线段估计值。

生成模拟线段的代码示例就使用了这种方法，训练部分估算了最佳拟合线的 m 和 b 的近似值。很显然，我们已经知道最佳拟合线的方程式，这种方法的目的是将斜率 m 和 y 轴截距 b 的训练值与已知值（在本例中为 2.5 和 5）进行比较。

清单 5.1 的其中一部分输出结果如下：

```
x: [[-1.42736308]
 [ 0.09482338]
 [-0.45071331]
 [ 0.19536304]
 [-0.22295205]
 // values omitted for brevity
y: [[1.12530514]
 [5.05168677]
 [3.93320782]
 [5.49760999]
 [4.46994978]
 // values omitted for brevity
```

图 5.5 显示了基于 x 和 y 值的散点图。

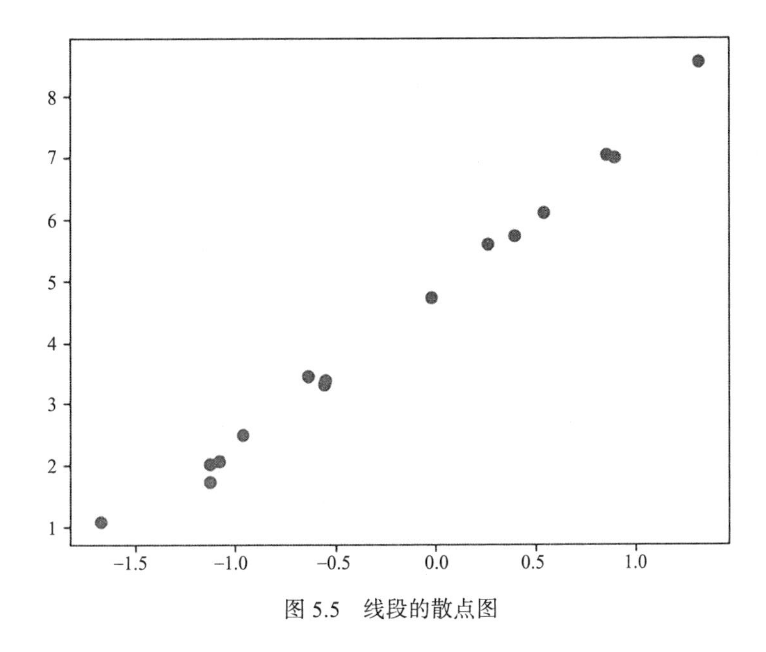

图 5.5 线段的散点图

为什么“扰动方法”有用

现在你已经了解了如何使用“扰动方法”以及比较法，考虑包含下列数据样本的数据集，这些点在 Python 中用数组变量 X 和 Y 定义：

```
X = [0,0.12,0.25,0.27,0.38,0.42,0.44,0.55,0.92,1.0]
Y = [0,0.15,0.54,0.51, 0.34,0.1,0.19,0.53,1.0,0.58]
```

如果需要找到上述数据集的最佳拟合线，你会如何猜测斜率 m 和 y 轴截距 b 的值？大概率的情况下，你可能无法猜测它们的值。但是“扰动方法”可以随机分配预先指定直线斜率 m 的值（和 y 轴截距 b 值）。

需注意的是，“扰动方法”仅在引入小的随机值（并不会导致 m 和 b 值的变化）时起作用。

清单 5.1 的代码将随机值分配给变量 x，将硬编码值分配给斜率 m。y 值是 x 值的（硬编码的）m 倍，再加上用“扰动方法”计算的随机值。因此我们并不知道 y 轴截距 b 的值。在本节中，trainX 的值来自 np.linspace() API，而 trainY 的值来自前面介绍的“扰动方法”。

这个示例的代码仅打印了 trainX 和 trainY 的值，它们对应于欧几里得平面中的数据样本。清单 5.2 的 np_plot2.py 说明了如何在 NumpPy 中模拟线性数据集。

清单 5.2 np_plot2.py

```
import numpy as np

  trainX = np.linspace(-1, 1, 11)
trainY = 4*trainX + np.random.randn(*trainX.shape)*0.5
```

```
print("trainX: ",trainX)
print("trainY: ",trainY)
```

清单 5.2 通过 NumPy linspace() API 初始化 NumPy 数组变量 trainX，然后用两部分定义数组变量 trainY：第一部分是线性项 4*trainX，第二部分是“扰动方法”随机生成的数字。清单 5.2 的输出结果如下：

```
trainX:  [-1.   -0.8 -0.6 -0.4 -0.2  0.   0.2  0.4  0.6
0.8  1. ]
trainY:  [-3.60147459 -2.66593108 -2.26491189
-1.65121314 -0.56454605  0.22746004 0.86830728
1.60673482  2.51151543  3.59573877  3.05506056]
```

下面是一个与清单 5.2 类似的示例，使用相同的“扰动方法”生成一组近似于二次方程而非线段的点。

清单 5.3 的 np_plot_quadratic.py 说明了如何在平面上绘制二次函数。

清单 5.3　np_plot_quadratic.py

```
import numpy as np
import matplotlib.pyplot as plt

#see what happens with this set of values:
#x = np.linspace(-5,5,num=100)

x = np.linspace(-5,5,num=100)[:,None]
y = -0.5 + 2.2*x +0.3*x**2 + 2*np.random.randn(100,1)
print("x:",x)

plt.plot(x,y)
plt.show()
```

清单 5.3 使用 np.linspace() API 生成的值来初始化数组变量 x，在这个示例里，此变量是一组介于 –5 和 5 之间的 100 个等间隔的十进制数字。代码片段 [:,None] 初始化 x，生成一个数组，其中每个元素都是由单个数字构成的数组。

数组变量 y 由两部分代码定义：第一部分是 -0.5+2.2*x+0.3*x**2 的二次方程，第二部分是基于随机数的“扰动”值（类似于清单 5.1 中的代码）。因此，数组变量 y 生成一组二次方程的近似值。清单 5.3 的输出结果如下：

```
x:
[[-5.        ]
 [-4.8989899 ]
 [-4.7979798 ]
 [-4.6969697 ]
 [-4.5959596 ]
[-4.49494949]
// values omitted for brevity
[ 4.8989899 ]
[ 5.        ]]
```

图 5.6 显示了基于 x 和 y 值的散点图，其形状近似于二次方程。

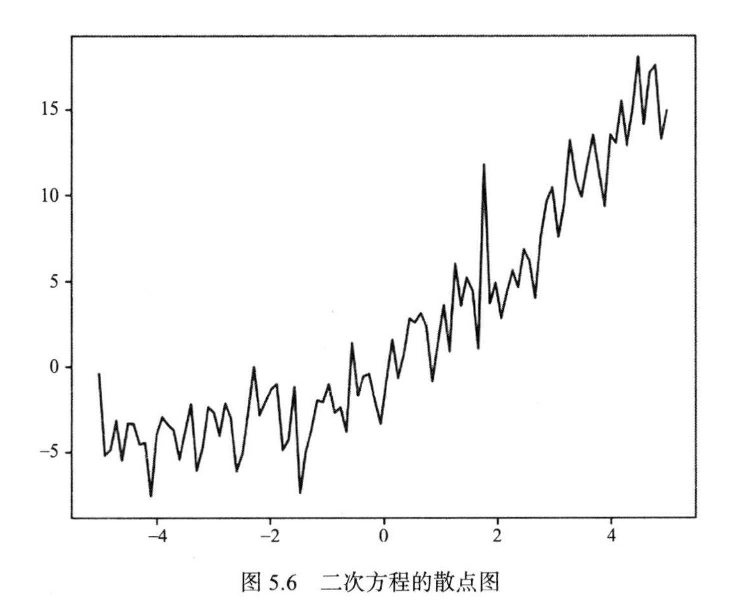

图 5.6　二次方程的散点图

5.4.2　MSE

1. MSE 公式

用通俗的语言解释，MSE 是实际 y 值与预测 y 值之差的平方和除以数据总量。要注意的是，预测的 y 值是最佳拟合线上每个点的 y 值。

尽管 MSE 在线性回归中很受欢迎，但也有其他可用的误差统计方法，下面将对其中一些进行简要讨论。

（1）误差统计方法列表

尽管本书仅讨论用于线性回归的 MSE，但线性回归也可使用其他误差统计方法，此处列出其中一部分方法：

- 均方误差（MSE）。
- 均方根误差（RMSE）。
- 均方根传递（RMSprop）。
- 平均绝对误差（MAE）。

MSE 是上述误差统计方法的基础。RMSE 是均方根误差（root mean squared error），它是 MSE 的平方根。

MAE 是平均绝对误差 (mean absolute error)，是 y 个项之间差的绝对值的总和（不是 y 个项的差的平方），它之后会除以项数。

RMSprop 优化器利用最近梯度的大小对梯度进行归一化。具体来说，RMSprop 在均方根（RMS）梯度上保持移动平均值，然后将该项除以当前梯度。

虽然计算 MSE 的导数相对简单，但 MSE 更容易受到异常值的影响，而 MAE 则不受异常值的影响，原因很简单：平方项要远大于每项的绝对值。例如，如果差值为 10，MSE 会增加 10 的平方，即 100；而 MAE 则只增加 10。同理如果差值为 -20，则 MSE 会增加 400，而 MAE 只增加 20（–20 的绝对值）。

（2）非线性最小二乘法

像预测房价这种数值范围很大的数据集，线性回归或随机森林之类的方法可能会使模型根据最大值产生过拟合，以减少如平均绝对误差等误差统计量。

在这种情况下，你可能需要一个误差度量值，例如相对误差，它可以降低使用最大值拟合样本的重要性。这个方法被称为非线性最小二乘法，可取对数转换标签和预测值。

后面会给出几个代码示例，第一个涉及手动计算 MSE，后面的示例是用 NumPy 中的公式计算 MSE。最后是一个计算 MSE 的 TensorFlow 示例。

2. 手动计算 MSE

这里包含两个折线图，每个图都有一条直线近似拟合散点图中的一组散点。

图 5.7 中的线段近似拟合散点图中的一组散点（其中一些散点与线段相交）。图 5.7 中的 MSE 计算如下：

```
MSE = [1*1 + (-1)*(-1) + (-1)*(-1) + 1*1]/7 = 4/7
```

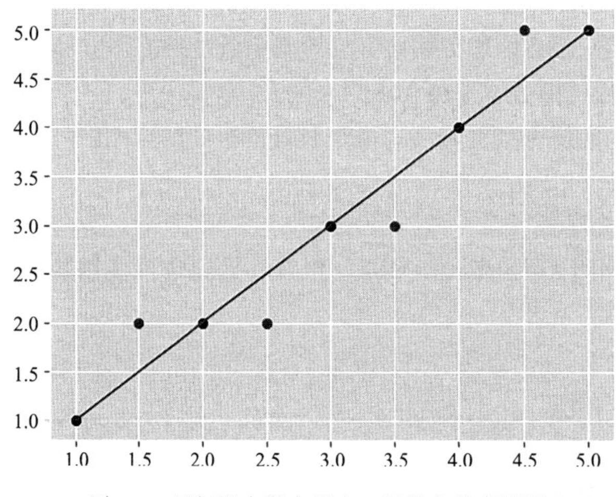

图 5.7　近似拟合散点图中一组散点的直线图

图 5.8 展示了一组点和一条线，该线是最佳拟合线的备选之一。图 5.8 的 MSE 计算如下：

```
MSE = [(-2)*(-2) + 2*2]/7 = 8/7
```

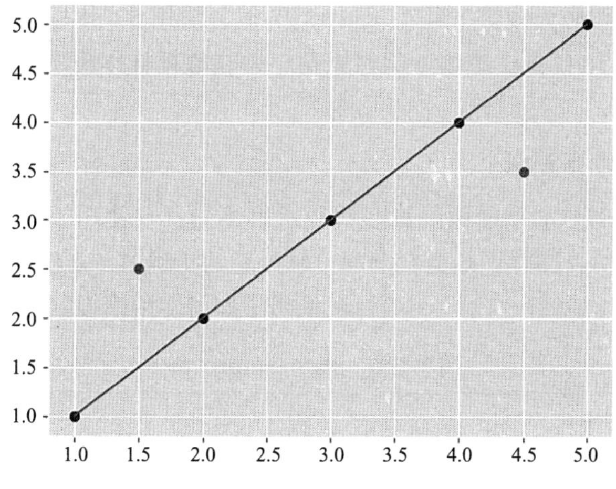

图 5.8 近似拟合散点图中一组散点的直线图

因此，图 5.7 的 MSE 小于图 5.8，这可能使你感到惊讶（或者你猜对了吗？）

在这两个图中，我们可以轻松快速地计算 MSE，但在通常情况下要困难得多。例如，如果我们在欧几里得平面中绘制的一条直线不能近似拟合 10 个点，并且各个项涉及非整数值，则可能需要一个计算器。

更好的解决方案是使用 NumPy 中的函数，例如 np.linspace() API，这将在下面进行讨论。

3. 使用 np.linspace() 生成近似线性数据

清单 5.4 的 np_linspace1.py 说明了如何使用 np.linspace() API 结合“扰动方法”来生成一些数据。

清单 5.4 np_linspace1.py

```
import numpy as np

trainX = np.linspace(-1, 1, 6)
trainY = 3*trainX+ np.random.randn(*trainX.shape)*0.5

print("trainX: ", trainX)
print("trainY: ", trainY)
```

此代码示例的目的仅仅是生成并显示一组随机生成的数字。本章后面将使用此代码作为实际线性回归任务的起始部分。

清单 5.4 首先定义了使用 np.linspace() API 初始化的数组变量 trainX。接下来，用之前代码示例中的“扰动方法”定义数组变量 trainY。清单 5.4 的输出结果如下：

```
trainX:  [-1.  -0.6 -0.2  0.2  0.6  1. ]
trainY:  [-2.9008553  -2.26684745 -0.59516253
0.66452207  1.82669051  2.30549295]
trainX:  [-1.  -0.6 -0.2  0.2  0.6  1. ]
trainY:  [-2.9008553  -2.26684745 -0.59516253
0.66452207  1.82669051  2.30549295]
```

现在我们知道了如何为线性方程生成 (x,y) 值，清单 5.4 使用 np.linspace()方法和 np.random.randn()方法生成一组数据值，并在数据样本中引入一些随机性。下一节将介绍如何计算 MSE。

4. 使用模拟数据计算 MSE

本节中的代码示例与本章前面的许多代码示例不同：它使用 X 和 Y 的硬编码值数组代替了“扰动”方法。所以你并不知道斜率和 y 轴截距的正确值（并且可能也无法猜测它们的正确值）。清单 5.5 的 plain_linreg1.py 说明了如何使用模拟数据来计算 MSE。

清单 5.5　plain_linreg1.py

```
import numpy as np
import matplotlib.pyplot as plt

X = [0,0.12,0.25,0.27,0.38,0.42,0.44,0.55,0.92,1.0]
Y = [0,0.15,0.54,0.51, 0.34,0.1,0.19,0.53,1.0,0.58]

costs = []
#Step 1: Parameter initialization
W = 0.45
b = 0.75

for i in range(1, 100):
  #Step 2: Calculate Cost
  Y_pred = np.multiply(W, X) + b
  Loss_error = 0.5 * (Y_pred - Y)**2
  cost = np.sum(Loss_error)/10

  #Step 3: Calculate dW and db
  db = np.sum((Y_pred - Y))
  dw = np.dot((Y_pred - Y), X)
  costs.append(cost)

  #Step 4: Update parameters:
  W = W - 0.01*dw
  b = b - 0.01*db

  if i%10 == 0:
    print("Cost at", i,"iteration = ", cost)

#Step 5: Repeat via a for loop with 1000 iterations

#Plot cost versus # of iterations
print("W = ", W,"& b = ",  b)
plt.plot(costs)
plt.ylabel('cost')
plt.xlabel('iterations (per tens)')
plt.show()
```

清单 5.5 首先用硬编码值初始化数组变量 X 和 Y，然后初始化标量变量 W 和 b。之后使用一个 for 循环，该循环重复 100 次。循环每迭代一次后，都会计算变量 Y_pred、Loss_error 和 cost 三个变量。在此之后，根据数组 Y_pred-Y 中各项的总和以及 Y_pred-Y 和 X 的内积来计算 dw 和 db 的值。

需注意 W 和 b 是如何更新的：它们的值分别减少 0.01*dw 和 0.01*db。这种计算方式你应该似曾相识——代码以编程方式计算 W 和 b 的梯度近似值，二者均乘以学习率（硬编码值 0.01），所得新近似值都是从 W 和 b 的当前值递减得出。这种方法非常简单，但可以计算出合理的 W 值和 b 值。

清单 5.5 中的最后一个代码块显示了 W 和 b 的中间近似值，以及成本（垂直轴）与迭代次数（水平轴）的关系图。清单 5.5 的输出结果如下：

```
Cost at 10 iteration =  0.04114630674619492
Cost at 20 iteration =  0.026706242729839392
Cost at 30 iteration =  0.024738889446900423
Cost at 40 iteration =  0.023850565034634254
Cost at 50 iteration =  0.0231499048706651
Cost at 60 iteration =  0.022553614342422207
Cost at 70 iteration =  0.0220425055291673
Cost at 80 iteration =  0.021604128492245713
Cost at 90 iteration =  0.021228111750568435
W =  0.47256473531193927 & b =  0.19578262688662174
```

图 5.9 展示了清单 5.5 的代码生成的散点图。

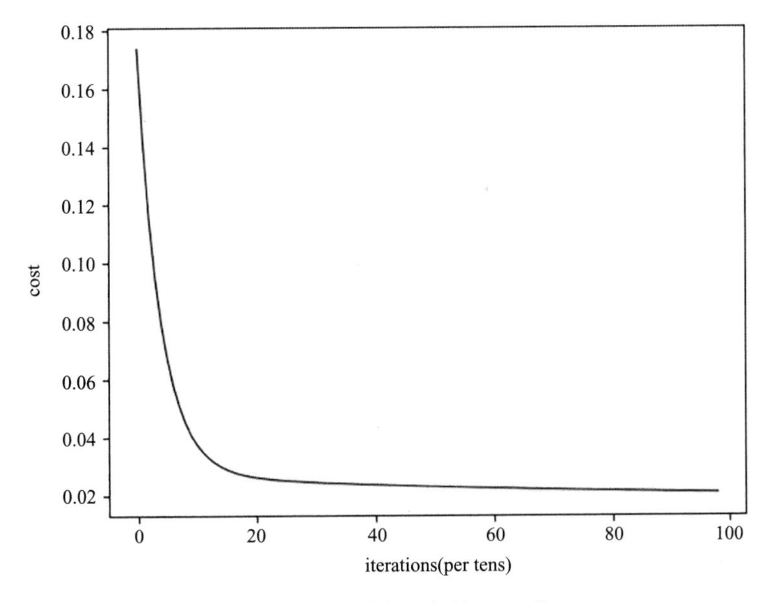

图 5.9 具有线性回归的 MSE 值

5.4.3 Keras 的线性回归

本节中的代码示例主要用 Keras 代码执行线性回归。如果你已经阅读了本章前面的示例，本节会非常容易理解，因为线性回归的步骤是相同的。

清单 5.6 的 keras_linear_regression.py 说明了如何在 Keras 中执行线性回归。

清单 5.6　keras_linear_regression.py

```
#########################################################
#######
#Keep in mind the following important points:
#1) Always standardize both input features and target
variable:
#doing so only on input feature produces incorrect
predictions
#2) Data might not be normally distributed: check the
data and
#based on the distribution apply StandardScaler,
MinMaxScaler,
#Normalizer or RobustScaler
#########################################################
#######

import tensorflow as tf
import numpy as np
import pandas as pd
import seaborn as sns
import matplotlib.pyplot as plt
from sklearn.preprocessing import MinMaxScaler
from sklearn.model_selection import train_test_split

df = pd.read_csv('housing.csv')
X  = df.iloc[:,0:13]
y  = df.iloc[:,13].values

mmsc = MinMaxScaler()
X  = mmsc.fit_transform(X)
y  = y.reshape(-1,1)
y  = mmsc.fit_transform(y)

X_train, X_test, y_train, y_test = train_test_split(X,
y, test_size=0.3)

# this Python method creates a Keras model
def build_keras_model():
  model = tf.keras.models.Sequential()
  model.add(tf.keras.layers.Dense(units=13, input_
dim=13))
  model.add(tf.keras.layers.Dense(units=1))
  model.compile(optimizer='adam',loss='mean_squared_erro
r',metrics=['mae','accuracy'])
  return model

batch_size=32
epochs = 40

# specify the Python method 'build_keras_model' to
create a Keras model
# using the implementation of the scikit-learn regressor
API for Keras
model = tf.keras.wrappers.scikit_learn.
KerasRegressor(build_fn=build_keras_model, batch_
size=batch_size,epochs=epochs)

# train ('fit') the model and then make predictions:
model.fit(X_train, y_train)
y_pred = model.predict(X_test)
```

```
#print("y_test:",y_test)
#print("y_pred:",y_pred)

# scatter plot of test values-vs-predictions
fig, ax = plt.subplots()
ax.scatter(y_test, y_pred)
ax.plot([y_test.min(), y_test.max()], [y_test.min(), y_
test.max()], 'r*--')
ax.set_xlabel('Calculated')
ax.set_ylabel('Predictions')
plt.show()
```

清单5.6以多个import语句开始，然后用CSV文件housing.csv的内容初始化DataFrame df（清单5.7显示了其中一部分）。请注意，训练集X已使用数据集housing.csv的前13列的内容进行了初始化，变量y是housing.csv的最右一列。

清单5.6的下一部分使用MinMaxScaler类来计算平均值和标准偏差，然后调用fit_transform()方法更新X值和y值，使得它们的平均值为0，标准差为1。

接下来，build_keras_model()方法创建了两个基于Keras的全连接层。输入层的大小为13，这是DataFrame X中的列数。后面的代码片段在编译模型时使用adam优化器和MSE损失函数，并指定MAE和准确率为衡量标准。编译完成的模型最后会返回给调用者。

清单5.6的再下一部分将batch_size变量初始化为32，将epochs变量初始化为40，并在创建模型的代码片段中给出指定值，如下所示：

```
model = tf.keras.wrappers.scikit_learn.
KerasRegressor(build_fn=build_keras_model, batch_
size=batch_size,epochs=epochs)
```

清单5.6中的简要注释说明了上述构造Keras模型的代码片段的用途。

清单5.6的下一部分调用fit()方法来训练模型，然后在X_test数据上调用predict()方法进行预测，并用这些预测值来初始化变量y_pred。

清单5.6的最后部分展示了一个散点图，其水平轴是y_test中的值（CSV文件housing.csv的实际值），垂直轴是一组预测值。

图5.10展示了根据测试值和预测值得到的散点图。

清单5.7显示了CSV文件housing.csv的前四行，清单5.6的Python代码使用的就是这个文件。

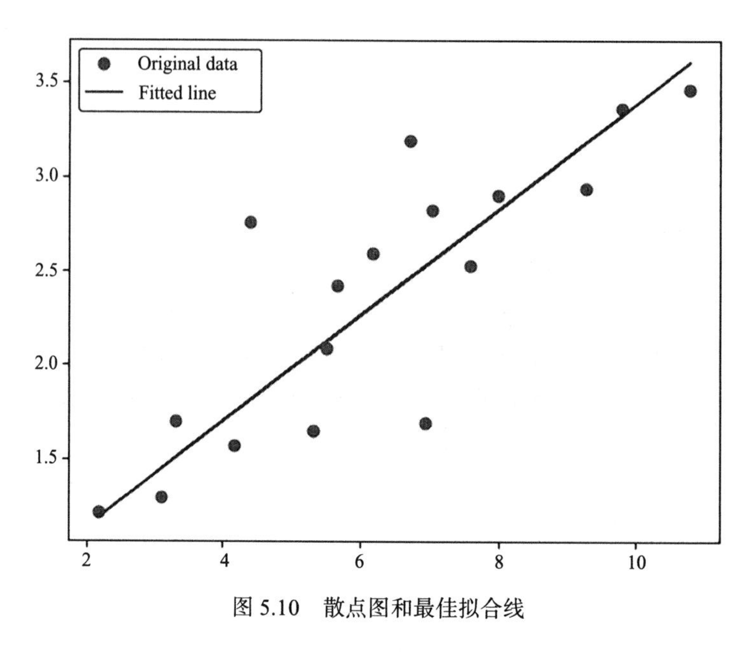

图 5.10 散点图和最佳拟合线

清单 5.7 housing.csv

```
0.00632,18,2.31,0,0.538,6.575,65.2,4.09,1,296,15.3,396.9
,4.98,24
0.02731,0,7.07,0,0.469,6.421,78.9,4.9671,2,242,17.8,396.
9,9.14,21.6
0.02729,0,7.07,0,0.469,7.185,61.1,4.9671,2,242,17.8,392.
83,4.03,34.7
0.03237,0,2.18,0,0.458,6.998,45.8,6.0622,3,222,18.7,394.
63,2.94,33.4
```

5.5 小结

本章介绍了机器学习和其相关概念，如特征选择、特征工程、数据清洗、训练集和测试集等。接下来学习了有监督、无监督和半监督学习。之后学习了回归任务、分类任务和聚类，以及准备数据集通常需要执行的步骤，这些步骤包括特征选择、特征提取等，可用各类算法执行完成。然后学习了数据集中的数据可能引起的问题，以及如何修复这些问题。

此外，你还了解了线性回归，以及如何为欧几里得平面中的数据计算最佳拟合线。你学习如何使用 NumPy 进行线性回归，使用数据值初始化数组，以及为 y 值引入随机性的“扰动”方法。这个方法非常有用，因为你可以知道最佳拟合线的斜率和 y 轴截距的正确值，然后将它们与训练得到的值进行比较。

最后你学习了如何使用 Keras 的代码执行线性回归，以及如何使用 Matplotlib 来显示最佳拟合线的图。这些图表展示了执行模型训练时代价与迭代次数的关系。

CHAPTER 6

第 6 章 机器学习中的分类器

本章介绍机器学习中的很多分类算法，包括 k 近邻（kNN）、逻辑回归（尽管它的名称包含回归，然而它其实是一个分类算法）、决策树、随机森林、支持向量机（SVM）和贝叶斯分类器等算法。重点讲解算法是为了向你介绍机器学习，其中包含一个依赖 `scikit-learn` 的基于树的代码示例。本章也有在标准数据集上的基于 `Keras` 的代码示例。

考虑篇幅限制，还有一些广为人知的算法本章并没有包含，例如线性判别分析和 k-Means 算法（用于无监督学习和聚类）。然而，许多线上教程都有关于它们以及其他机器学习算法的讨论。

鉴于以上几点，6.1 节简要介绍分类器。6.2 节对激活函数做了概述，如果你决定学习深度神经网络，这将非常有用，在本节中你会学习如何以及为什么在神经网络中使用它们。本节还包含使用激活函数的 `TensorFlow` API 列表，以及它们的优点描述。

6.3 节介绍逻辑回归，它依赖 `sigmoid` 函数，`sigmoid` 函数在循环神经网络（RNN）和长短期记忆模型（LSTM）中都有用到。6.4 节包含一个涉及逻辑回归和 MNIST 数据集的代码示例。

这里提供一些概念性说明，分类器是三种主要算法类型之一：回归算法（例如第 4 章介绍的线性回归）、分类算法（本章讨论）、聚类算法（例如 k-Means，本书没有讨论）。

另外需要注意，关于激活函数的部分涉及对神经网络中隐藏层的基本理解。进入这部分之前如果阅读一些预备材料（网上有很多文章）会对你有所帮助，请自行把握。

6.1 分类器

6.1.1 什么是分类

给定一个分类类别已知的被观察值数据集，分类的任务是确定一个新数据样本所属的类别。类别也称为目标或标签。例如，电子邮件服务提供商的垃圾邮件检测涉及二分类（只有两个类别)。MNIST 数据集包含一组图像，其中每个图像是一个数字，这意味着有 10 个标签。在分类方面的一些应用包括信贷批准、医学诊断和目标营销。

1. 什么是分类器

在第 5 章中，你了解了线性回归是应用在数值型数据上的有监督学习算法——目标是训练一个可以进行数值预测的模型（例如明天的股价、系统的温度、气压等）。相比之下，分类器是应用在非数值型数据上的有监督学习算法——目标是训练一个可以进行分类预测的模型。

例如，假设数据集中的每一行都是一种特定的葡萄酒，而每一列都与葡萄酒的某个特性(丹宁酸、酸度等)相关。进一步假设数据集中有五类葡萄酒，为了简单起见，我们将它们标记为 A、B、C、D 和 E。给定一个新的数据样本，也就是一行新的数据，此数据集的分类器尝试确定此葡萄酒的类别。

本章中的一些分类器既可以用于确定类别也可以用于数值预测（例如它们既可以用于回归也可以用于分类）。

2. 二分类与多分类

二分类器用于处理具有两个类别的数据集，而多分类器（有时称为多项分类器）用于区分两个以上的类别。随机森林和朴素贝叶斯分类支持多分类，而 SVM 和线性分类器是二分类（SVM 有多分类的扩展）。

另外，有基于二分类器的多分类技术：一对多（OvA）和一对一（OvO）。

一对多分类技术（有时也称作一对其他）引入同等类别数量的二分类器。例如，如果一个数据集的数据有 5 个类别，那么一对多分类技术使用 5 个二分类器，每个分类器识别 5 个类别中的一个。当为这个数据集的一个样本做分类时，选择输出分值最高的那个分类器。

多对多分类技术也会引入多个二分类器，但是这时的二分类器用于在一对类别上训练。例如，如果分类类别为 A、B、C、D、E，那么需要 10 个二分类器，一个用于 A 和 B，一个用于 A 和 C，一个用于 A 和 D，以此类推，直到最后一个二分类器用于 D 和 E。

通常，如果有 `n` 个类别，那么需要 `n*（n-1）/2` 个二分类器。尽管多对多技术相比于一对多技术需要更多的二分类器（比如对于 20 个类别的分类，多对多分类需要 190 个分类器而一对多分类只需要 20 个），但多对多分类有它自己的优势，它的每个二分类器只需要训练数据集中对应分类器选择的两个类别的数据。

3. 多标签分类

多标签分类涉及为数据集中的一个实例分配多个标签。因此，多标签分类泛化了多分类，后者涉及将单个标签分配给具有多个类别的数据集中的实例。这里有一篇涉及多标签分类的文章，其中包含了基于 `Keras` 的代码：

https://medium.com/@vijayabhaskar96/multi-label-image-classification-tutorial-withkeras-imagedatagenerator-cd541f8eaf24

你还可以在线搜索有关 SKLearn 或 PyTorch 的多标签分类任务的文章。

4. 常见分类器

这里列出机器学习中一些流行的分类器（排名不分先后）：

- 线性分类器。
- kNN。
- 逻辑回归。
- 决策树。
- 支持向量机。
- 贝叶斯分类器。
- 卷积神经网络（深度学习）。

请记住不同分类器之间有不同的优缺点，类似于人工智能领域之外的其他算法，这常常涉及复杂度和准确率之间的权衡。

在深度学习情况下，卷积神经网络（CNN）执行图像分类任务，这使得它们成为分类器（它们也用于音频和文本处理）。

接下来将简要介绍前面列表中列出的机器学习分类器。

6.1.2　线性分类器

线性分类器将数据集的数据分成两个类别。线性分类器是用于二维点的直线、用于三维点的平面，以及用于更高维点的超平面(平面的一般化)。

线性分类器通常是速度最快的分类器，因此在分类速度非常重要的时候经常使用线性分类器。当输入向量是稀疏的（例如很多零值）或当维度数量很大的时候，线性分类器通常表现不错。

6.1.3　kNN

k 最近邻算法（kNN）是一种分类算法。简单来说，彼此“邻近”的数据样本被归属为同一类。当一个新的数据样本被引入时，它被分类到与它距离最近的邻居中的大多数所属的类。例如，假设 k 等于 3，当引入一个新样本时，查看与此样本距离最近的 3 个邻居，比如它们属于 A、A、B。那么根据多数票表决，新的数据样本被标记为类别 A。

kNN 算法本质上是一种启发式算法，并不是一种具有复杂数学基础的技术，但它仍然是一种有效和实用的算法。

当你想使用一种简单的算法，或者你认为数据集是高度非结构化的时候，可以尝试使用 kNN 算法。kNN 算法虽然简单，但可以产生高度非线性的决策。你可以在搜索“相似”项的应用中使用 kNN。

通过创建向量来表示对象，并通过度量它们的距离来比较向量（如欧几里得距离）。

kNN搜索的一些具体例子包括搜索语义相似的文档。

如何解决kNN中的平局问题

奇数值的k似乎不容易造成平局，但并不是不可能。例如，假设k等于7，当一个新的数据样本被引入时，它的最邻近的7个邻居所属类别为集合{A,B,A,B,A,B,C}。这里有3个A和3个B以及一个C，由此可见，没有多数票。

有一些解决kNN中平局问题的技巧，列出如下：

- 给更接近的样本分配更高的权重。
- 增加k的值直到分出胜负。
- 降低k的值直到分出胜负。
- 随机选择其中的一类。

即便将k的值降低到1，依然可能出现平局问题：可能存在两个数据样本到新样本的距离相等的情况，所以你需要一个机制来决定选择这两个中的哪个作为这一个近邻。

如果A类和B类之间存在平局，则随机选择A类或B类。另一种变体是跟踪“平局”投票，并采用轮流投票的方式，以确保更均匀的分配。

6.1.4　决策树

决策树是另一种分类算法，它引入一种树形的结构。在一个“通常意义”的树中，数据样本的位置通过简单的条件逻辑判断来决定。做一个简单的说明，假设一个包含一组表示年龄的数字的数据集，我们继续假定第一个数字是50。这个数字被选为树的根，所有小于50的数字都会加在树的左分支上，而所有大于50的数字都加在树的右分支上。

例如，我们有一个数字序列{50,25,70,40}。然后我们可以这样来构造一棵树：50作为根节点，25是50的左子节点，70是50的右子节点，而40是20的右子节点。我们添加到数据集中的每个数字都经过这样的处理，以决定在树中每个节点上的方向（左还是右）。

清单6.1的`sklearn_tree2.py`定义了欧几里得平面上的一组二维点及其标签，然后预测欧几里得平面上其他几个二维点的标签(类别)。

清单6.1　sklearn_tree2.py

```
from sklearn import tree

# X = pairs of 2D points and Y = the class of each point
X = [[0, 0], [1, 1], [2,2]]
Y = [0, 1, 1]

tree_clf = tree.DecisionTreeClassifier()
tree_clf = tree_clf.fit(X, Y)

#predict the class of samples:
print("predict class of [-1., -1.]:")
print(tree_clf.predict([[-1., -1.]]))

print("predict class of [2., 2.]:")
print(tree_clf.predict([[2., 2.]]))
```

```
# the percentage of training samples of the same class
# in a leaf note equals the probability of each class
print("probability of each class in [2.,2.]:")
print(tree_clf.predict_proba([[2., 2.]]))
```

清单 6.1 从 sklearn 中导入 tree 类，并使用数据初始化数组 X 和 Y。接下来，变量 tree_clf 被初始化为 DecisionTreeClassifier 的一个实例，并通过调用 fit() 方法，使用数据 X 和 Y 来训练 tree_clf。

运行清单 6.1 的代码将看到如下输出：

```
predict class of [-1., -1.]:
[0]
predict class of [2., 2.]:
[1]
probability of each class in [2.,2.]:
[[0. 1.]]
```

如你所见，点 [-1,-1] 和 [2,2] 分别被正确地标记为 0 和 1 的标签，这可能正是你所希望的。

清单 6.2 中的 sklearn_tree3.py 是清单 6.1 的扩展，它增加了第三个标签，并且预测三个点的标签值而不是两个点（修改的部分用加粗显示）。

清单 6.2 sklearn_tree3.py

```
from sklearn import tree

# X = pairs of 2D points and Y = the class of each point
X = [[0, 0], [1, 1], [2, 2]]
Y = [0, 1, 2]

tree_clf = tree.DecisionTreeClassifier()
tree_clf = tree_clf.fit(X, Y)

#predict the class of samples:
print("predict class of [-1., -1.]:")
print(tree_clf.predict([[-1., -1.]]))

print("predict class of [0.8, 0.8]:")
print(tree_clf.predict([[0.8, 0.8]]))

print("predict class of [2., 2.]:")
print(tree_clf.predict([[2., 2.]]))

# the percentage of training samples of the same class
# in a leaf note equals the probability of each class
print("probability of each class in [2.,2.]:")
print(tree_clf.predict_proba([[2., 2.]]))
```

运行清单 6.2 的代码你会得到如下输出：

```
predict class of [-1., -1.]:
[0]
predict class of [0.8, 0.8]:
[1]
predict class of [2., 2.]:
[2]
probability of each class in [2.,2.]:
[[0. 0. 1.]]
```

可以看到，依然如你所希望的，点 [−1,−1]、[0.8,0.8] 和 [2,2] 分别被正确地标记为 0、1 和 2 的三个标签。

清单 6.3 展示了数据集 `partial_wine.csv` 文件中的一部分内容，它包含两个属性和一个标签列（有三个类别）。此数据集一共有 178 行。

清单 6.3　partial_wine.csv

```
Alcohol, Malic acid, class
14.23,1.71,1
13.2,1.78,1
13.16,2.36,1
14.37,1.95,1
13.24,2.59,1
14.2,1.76,1
```

清单 6.4 的 `tree_classifier.py` 内容在数据集 `partial_wine.csv` 上使用决策树算法训练一个模型。

清单 6.4　tree_classifier.py

```
import numpy as np
import matplotlib.pyplot as plt
import pandas as pd

# Importing the dataset
dataset = pd.read_csv('partial_wine.csv')
X = dataset.iloc[:, [0, 1]].values
y = dataset.iloc[:, 2].values

# split the dataset into a training set and a test set
from sklearn.model_selection import train_test_split
X_train, X_test, y_train, y_test = train_test_split(X,
y, test_size = 0.25, random_state = 0)

# Feature Scaling
from sklearn.preprocessing import StandardScaler
sc = StandardScaler()
X_train = sc.fit_transform(X_train)
X_test = sc.transform(X_test)

# ====> INSERT YOUR CLASSIFIER CODE HERE <====
from sklearn.tree import DecisionTreeClassifier
classifier = DecisionTreeClassifier(criterion='entropy',
random_state=0)
classifier.fit(X_train, y_train)
# ====> INSERT YOUR CLASSIFIER CODE HERE <====

# predict the test set results
y_pred = classifier.predict(X_test)

# generate the confusion matrix
from sklearn.metrics import confusion_matrix
cm = confusion_matrix(y_test, y_pred)
print("confusion matrix:")
print(cm)
```

清单 6.4 包含一些 import 语句，然后通过 partial_wine.csv 文件内容填充 Pandas DataFrame 变量 dataset。接下来用 dataset 的前两列（以及所有行）初始化变量 X，用 dataset 的第三列（以及所有行）初始化变量 y。

然后，变量 X_train、X_test、y_train、y_test 分别是 X 和 y 中的数据按照 75/25 的比例分割的部分[㊀]。注意变量 sc（它是 StandardScalar 类的一个实例）对变量 X_train 和 X_test 进行了标准化缩放。

在清单 6.4 中加粗显示的代码块中，我们创建一个 DecisionTreeClassifier 的实例并使用变量 X_train 和 y_train 的数据训练此实例。

清单 6.4 接下来通过变量 X_test 产生的一系列预测值填充变量 y_pred。在清单 6.4 的最后部分基于数据 y_test 和预测数据 y_pred 创建一个混淆矩阵。

请注意混淆矩阵的对角线元素都是正确预测（例如真阳性样本或真阴性样本）；所有其他位置的数字都代表某种错误预测（例如假阳性样本或假阴性样本）。

运行清单 6.4 的代码你会看到如下输出，在它的混淆矩阵中有 36 个正确预测和 9 个错误预测（80% 的准确率）。

```
confusion matrix:
[[13  1  2]
 [ 0 17  4]
 [ 1  1  6]]
from sklearn.metrics import confusion_matrix
```

在上述的 3×3 矩阵中一共有 45 个元素，其中对角线上的是标识正确的标签。因此准确率为 36/45=0.80。

6.1.5 随机森林

随机森林是一种泛化的决策树，这种算法引入多棵树（你可以指定数目）。如果数据涉及数值预测，则计算树预测的平均值。如果数据涉及分类预测，则需要确定树的预测模型。

通过类比的方式来说，随机森林的运行方式类似于金融投资组合的多样化，其目标是平衡损失和更高的收益。随机森林使用“多数人投票”来进行预测，其运行的前提是，选择多数人投票比从任何单一树上做出的预测更有可能（而且更经常）是正确的。

你可以简单地修改清单 6.4 的代码，用下面的代码替换原来加粗显示的行，将其修改为随机森林算法。

```
from sklearn.ensemble import RandomForestClassifier
classifier = RandomForestClassifier(n_estimators = 10,
criterion='entropy', random_state = 0)
```

更改代码并运行，然后检查其输出的混淆矩阵，来比较它与清单 6.4 中决策树算法的准确率。

㊀ X_train是X的75%数据，X_test是X的剩余25%数据、y_train和y_test同理。——编辑注

6.1.6　支持向量机

支持向量机（SVM）涉及有监督机器学习算法，可用于分类或回归问题。SVM 既可以处理非线性可分数据，也可以处理线性可分数据。SVM 使用一种称为“核技巧”的技术来转换数据，然后找到一个最优边界，这种转换涉及更高的维度。这种技术的结果是将转换后的数据分离，然后可以找到将数据分成两个类的超平面。

SVM 在分类问题上比在回归问题上更常用。它的一些应用场景包括：

- 文本分类任务——类别指定。
- 垃圾邮件检测 / 情绪分析。
- 用于图像识别——基于形状和颜色的分类识别。
- 手写数字识别（邮政自动化）。

SVM 的权衡

尽管 SVM 非常强大，但也存在一些弊端。以下列出了 SVM 的一些优点：

- 高准确率。
- 在清洗过的小数据集上工作较好。
- 使用了训练样本的子集所以更高效。
- 在数据集有限的情况下可以作为 CNN 的替代。
- 可以捕捉样本之间更复杂的关系。

虽然 SVM 能力很强，但是也存在一些缺点，列出如下：

- 不适合较大的数据集——训练时间可能很长。
- 在有重叠类别的噪声数据上效率更低。

相比于决策树和随机森林，SVM 引入了更多的参数。

建议：修改清单 6.4 的代码，用下面的代码替换原来加粗显示的行，将其修改为 SVM 算法。

```
from sklearn.svm import SVC
classifier = SVC(kernel = 'linear', random_state = 0)
```

通过前面简单的修改，你获得了一个 SVM 模型。更改代码并运行，然后检查其输出的混淆矩阵，来比较它与前面讨论的决策树和随机森林方法的准确率。

6.1.7　贝叶斯分类器

1. 贝叶斯推理

贝叶斯推理是统计学中的一项重要技术，它涉及统计推理和贝叶斯定理，当得到更多的信息时，它可以更新假设的概率。贝叶斯推理通常被称为*贝叶斯概率*，在序列数据的动态分析中起着重要的作用。

（1）贝叶斯定理

给定两个集合 A 和 B，我们定义以下数值（所有的值都在 0 和 1 之间）：

P(*A*) = 在集合 *A* 中的概率
P(*B*) = 在集合 *B* 中的概率
P(Both) = 同时在集合 *A* 和 *B* 中的概率
P(*A*|*B*) = 在集合 *A* 中的概率（已知在集合 *B* 的前提下）
P(*B*|*A*) = 在集合 *B* 中的概率（已知在集合 *A* 的前提下）

那么下面的公式也是正确的：

```
P(A|B) = P(Both)/P(B) (#1)
P(B|A) = P(Both)/P(A) (#2)
```

将上面两个等式都乘以分母项就会得到如下等式：

```
P(B)*P(A|B) = P(Both) (#3)
P(A)*P(B|A) = P(Both) (#4)
```

现在令上述等式 #3 和 #4 的左边相等，得到以下等式：

```
P(B)*P(A|B) = P(A)*P(B|A) (#5)
```

将等式 #5 的左右两边同时除以 P(B) 就会得到下面这个著名的公式：

```
P(A|B) = P(A)*P(A|B)/P(B) (#6)
```

（2）一些关于贝叶斯定理的术语

在前面，我们推导出如下关系：

```
P(h|d) = (P(d|h) * P(h)) / P(d)
```

上述等式中的 4 项内容分别都有一个名称，它们是：

- 第一，P(h|d) 是后验概率，它是在给定数据 d 的前提下假设 h 成立的概率。
- 第二，P(d|h) 是假设 h 的前提下数据为 d 的概率。
- 第三，P(h) 是 h 的先验概率，即假设 h 为真 (无论数据如何) 的概率。
- 最后，P(d) 是数据的概率分布（与假设无关）。

我们感兴趣的是根据先验概率 P(h) 与 P(d) 和 P(d|h) 计算后验概率 P(h|d)。

（3）什么是最大后验概率

最大后验假设（MAP）是（给定数据前提下）概率最高的假设。它可以写成如下形式：

```
MAP(h) = max(P(h|d))
or:
MAP(h) = max((P(d|h) * P(h)) / P(d))
or:
MAP(h) = max(P(d|h) * P(h))
```

（4）为何使用贝叶斯定理

贝叶斯定理描述了一个事件的概率，某些基于先验知识的条件与此事件相关。如果我们知道条件概率，就可以通过贝叶斯定理求出逆向概率。以上就是贝叶斯定理的一般性表述。

2. 什么是贝叶斯分类器

朴素贝叶斯（NB）分类器是一种概率分类器，灵感来自贝叶斯定理。NB 分类器假设属性之间是条件独立的，即便假设不成立它也能够工作得不错。此假设极大地降低了计算成本，使其成为一个在线性时间内实现的算法。此外，NB 分类器可以容易地扩展到更大的数据集上，并且在大多数情况下都能得到很好的结果。NB 分类器的一些其他优点包括：

- 可以被用于二分类和多分类。
- 提供了不同的 NB 算法模型。
- 适合文本分类问题。
- 垃圾邮件分类的常见方法。
- 可以很容易地在小数据集上进行训练。

你可能会想到，NB 分类器确实有一些缺点，如下所示：

- 假设所有特征都是不相关的。
- 无法学习特征之间的关系。
- 会出现“零概率问题”。

零概率问题是指某个属性上的条件概率为零的情况，这时无法进行预测。然而，可以通过一个拉普拉斯估计来解决此问题。

有三种主要的 NB 分类器模型：

- 高斯朴素贝叶斯。
- 多项式朴素贝叶斯。
- 伯努利朴素贝叶斯。

这些分类器的细节超出了本章的范畴，你可以通过线上搜索来获得更多信息。

6.1.8　训练分类器

下面是一些训练分类器的常用技巧：

- Holdout（保留）方法。
- k-fold（k 折）交叉验证。

holdout 是最常用的方法，它将数据集分成训练集和测试集两个部分（如分别为 80% 和 20%）。训练集用于训练模型，测试集用于评估模型的预测能力。

k- 折交叉验证技术用于验证模型是否发生过拟合。它将数据集随机分成互相不交叉的 k 个子集，每个子集的大小相等。其中的一个子集用于测试，而其他的所有子集用于训练。在每一个遍历的子集执行上述动作，完成整个 k- 折交叉验证。

6.1.9 评估分类器

当你为一个数据集选择分类器的时候，评估该分类器的准确率是非常重要的。这里有一些评估分类器性能的常用技术：

- 精度和召回率。
- 受试者操作特征（ROC）曲线。

我们在第 5 章讨论过精度和召回率，为了便于理解在这里重复介绍一下。让我们定义下面的变量：

```
TP= 真阳性的结果数量
FP= 假阳性的结果数量
TN= 真阴性的结果数量
FN= 假阴性的结果数量
```

下面定义精度、准确率和召回率的计算公式：

```
精度 =TP/(TP+FP)
准确率 =(TP+TN)/[P+N]
召回率 =TP/(TP+FN)
```

采用 ROC 对分类模型的性能进行可视化比较，显示真阳性比率和假阳性比率之间的权衡关系。ROC 曲线下的面积是衡量模型精度的一个指标。模型越靠近对角线，精度越低，精度越高的模型面积越接近 1.0。

ROC 曲线显示真阳性比率和假阳性比率的对比，另一种类型的曲线是准确率-召回率（PR）曲线，它描述准确率和召回率之间的关系。当处理高度倾斜的数据集（即强类别不平衡）时，PR 曲线的效果更好。

在本章的后面你会看到很多基于 Keras 的类（位于 tf.keras.metrics 命名空间中）与常用的统计术语相对应，其中包括本节的一些术语。

以上是本章关于统计术语和测量数据集有效性的技术部分的内容。现在让我们看看机器学习中的激活函数。

6.2 激活函数

6.2.1 什么是激活函数

用一句话描述，激活函数（通常）是一个非线性函数，它为神经网络引入非线性从而避免神经网络的隐藏层合并。具体来说，假设没有激活函数，神经网络中的每一对相邻层都只包含一个矩阵变换，这样的网络是一个线性系统，这意味着这些层可以合并而形成一个更小的系统。

首先，连接输入层和第一个隐藏层之间的边上的权重值可以被表示成一个矩阵，我们称它为 W1。接着，连接第一个隐藏层和第二个隐藏层之间的边上的权重值也可以被表示成一个矩阵，我们称它为 W2。重复以上过程直到最后一个隐藏层和输出层的矩阵，我们称它为 Wk。由于没有使用激活函数，我们可以简单地将 W1，W2，…，Wk 相乘得到一个矩阵，我们称它为 W。现在，我们得到这样一个新的神经网络：含有一个输入层、一个权重矩阵 W、一个输出层，它等价地替换了原来的神经网络。换句话说，我们最初的多层神经网络已经不存在了。

幸运的是，当我们在每一对相邻的层之间指定一个激活函数时，可以防止前面的情况发生。换句话说，每一层的激活函数阻止了这种矩阵的合并。因此，我们可以在训练神经网络的过程中保持所有的中间隐藏层。

简单起见，假设网络中每一层之间的激活函数都是相同的（我们很快会抛弃这个假设）。在神经网络中使用激活函数的过程如下述描述的最开始是“三步走”，之后就是“两步走”：

1）从输入的数值初始向量 x1 开始。

2）用 x1 乘以代表输入层和第一个隐藏层之间的边上权重矩阵 W1，得到一个新的向量 x2。

3）在 x2 的每个元素上“应用”激活函数得到另一个向量 x3。

现在重复步骤 2 和步骤 3，不同的是，我们使用“初始”向量 x3 和连接第一和第二隐藏层（如果只有一个隐藏层的话就不存在第二个隐藏层，这里就是输出层）的边上权重矩阵 W2。

在完成上述过程后，我们保留了神经网络，这意味着它可以在数据集上进行训练。还有一件事：你可以使用不同的激活函数，而不是在每一步都使用相同的激活函数（选择权在你）。

1. 为什么我们需要激活函数

前一节概述了从输入层转换输入向量，然后通过隐藏层直到输出层的过程。激活函数在神经网络中的作用至关重要，所以这里值得重复提一下：激活函数“维护”神经网络的结构，防止它们被简化为一个输入层和一个输出层。换句话说，如果我们在每一对相连层之间指定一个非线性激活函数，那么神经网络就不能被包含更少层的神经网络所代替。

在没有非线性激活函数的情况下，我们可以简单地将一个指定的相连层之间的权重矩阵同前一个相连层之间的权重矩阵相乘。我们重复这个简单的乘法直到到达神经网络的输出层。在到达输出层之后，我们用一个矩阵有效地替换了多个矩阵，这个矩阵将输入层的数值与输出层的数值连接起来。

2. 激活函数如何工作

如果这是你第一次接触激活函数的概念，它可能会让你感到困惑，这里做一个类比可能会有帮助。假设你深夜开车，高速公路上没有其他人。只要没有障碍物（停车标志、交通灯等），你就可以以恒定的速度行驶。然而，假设你把车开进一家大型杂货店的停车场。当你接近减速带时，你必须减速，穿过减速带，然后再次加速，每一次接近减速带都重复这个过程。

将神经网络中的非线性激活函数想象成减速带的对应物——你不能简单地保持一个恒定的速度，(通过类比）这就意味着你不能将所有的权重矩阵相乘并将它们“折叠”成一个单一的矩阵。另一个类比涉及有多个收费站的公路：你必须减速，付过路费，然后继续开车，直到你到达下一个收费站。这些只是类比（因此并不完全恰当)，以帮助你理解非线性激活函数。

6.2.2　常见的激活函数

尽管有很多激活函数（并且你还可以自己定义激活函数)，这里列出一些常见的激活函数并做简要描述：

- sigmoid
- tanh
- ReLU
- ReLU6
- ELU
- SELU

sigmoid 激活函数基于欧拉常数 e，它的值域在 0 到 1 之间，公式如下：

```
1/[1+e^(-x)]
```

tanh 激活函数也是基于欧拉常数 e，它的公式如下：

```
[e^x - e^(-x)]/[e^x+e^(-x)]
```

记住上述公式的一个方法是它们的分子和分母具有相同的两项，只不过分子上使用的是“-”而分母上使用的是“+”。tanh 函数的值域在 -1 到 1 之间。

修正线性单元（ReLU）激活函数很简单：如果 x 为负值那么 ReLU(x) 等于 0；对于 x 的其他值，ReLU(x) 等于 x。ReLU6 用于 TensorFlow，它是 ReLU 的一个变体：附加上去的约束是当 x 大于 6 时 ReLU(X) 的最大值限制为 6（因此而得名)。

指数线性单元（ELU）是 ReLU 的指数“包装”，它将 ReLU 的两个线性段替换为一个指数激活函数，该函数对于 x 的所有值（包括 x=0）都是可微的。

缩放指数线性单元（SELU）比其他的激活函数稍微复杂一些（并且使用的频率较低)。要详细解释上述激活函数和其他激活函数（以及描述它们形状的图形)，请浏览以下维基百科链接：

https://en.wikipedia.org/wiki/Activation_function

上面的链接提供了一长串激活函数及其派生形式。

清单 6.5 的 activations.py 包含了几种激活函数的公式。

清单 6.5 activations.py

```
import numpy as np

# Python sigmoid example:
z = 1/(1 + np.exp(-np.dot(W, x)))

# Python tanh example:
z = np.tanh(np.dot(W,x))

# Python ReLU example:
z = np.maximum(0, np.dot(W, x))
```

清单 6.5 中的 Python 代码使用了 NumPy 的方法来定义一个 sigmoid 函数、一个 tanh 函数，以及一个 ReLU 函数。注意你需要指定 x 和 W 的值以便运行清单 6.5 中的代码。

TensorFlow（和许多其他框架）提供了许多激活函数的实现，这为你节省了自己编写实现激活函数的时间和精力。

下面是 TF2/Keras 的激活函数的 API 列表，它们位于 tf.keras.layers 命名空间中：

- tf.keras.layers.leaky_relu
- tf.keras.layers.relu
- tf.keras.layers.relu6
- tf.keras.layers.selu
- tf.keras.layers.sigmoid
- tf.keras.layers.sigmoid_cross_entropy_with_logits
- tf.keras.layers.softmax
- tf.keras.layers.softmax_cross_entropy_with_logits_v2
- tf.keras.layers.softplus
- tf.keras.layers.softsign
- tf.keras.layers.softmax_cross_entropy_with_logits
- tf.keras.layers.tanh
- tf.keras.layers.weighted_cross_entropy_with_logits

之后的章节中提供了关于上述列表中的一些激活函数的附加信息。记住，对于简单的神经网络，使用 ReLU 作为首选。

6.2.3 ReLU 和 ELU 激活函数

目前 ReLU 是通常推荐的激活函数，以前优选的激活函数是 tanh（在 tanh 之前是 sigmoid）。ReLU 的性能接近线性单元，提供了最佳的训练准确率和验证准确率。

ReLU 像一个线性开关，当你不需要它时它就是“关”的，当它激活时它的导数为 1，这使得 ReLU 成为当前的激活函数中最简单的一个。注意函数的二阶导数处处为 0——这是一个非常简单的函数，使优化变得简单。此外，ReLU 在遇到大的数值时保持了大的梯度，并且不会饱和（即在正横轴区间内不会衰减到 0）。

修正线性单元和其广义版本是基于线性模型更容易优化的原则。使用 ReLU 激活函数或它的一个相关替代方法（稍后讨论）。

1. ReLU 的优缺点

下面列出了 ReLU 激活函数的一些优点：

- 它在正数区域内不饱和。
- 它的计算效率很高。
- 使用 ReLU 的模型通常比使用其他激活函数的模型收敛得更快。

然而，ReLU 也有一个缺点，当 ReLU 神经元的激活值为 0 时，神经元的梯度在反向传播时也为 0。你可以通过适当地调整初始权重和学习率来缓解这种情况。

2. ELU

指数修正线性单元（ELU）基于 ReLU：关键的区别在于 ELU 在原点是可微的 (ReLU 是一个连续函数，但在原点是不可微的)。然而，请记住以下两点。首先，ELU 的这个特性是以计算效率换取的，阅读 arxiv.org/abs/1511.07289 的论文获得更多细节。其次，相对于 ELU，ReLU 仍然很受欢迎，因为 ELU 的使用引入了一个新的超参数。

6.2.4 sigmoid、softmax 和 tanh 的相似之处

sigmoid 函数的值域范围是 (0,1)，它会产生梯度饱和与梯度消失。不同于 tanh 激活函数，sigmoid 的输出不是以 0 为中心的。此外，不推荐使用 sigmoid 和 softmax（稍后讨论）来实现普通的前馈（参见 Ian Goodfellow 等人 2015 年出版的在线书籍 *Deep Learning* 的第 6 章）。然而，sigmoid 激活函数仍然在长短期记忆模型（特别是针对遗忘门、输入门和输出门）、门控循环单元（GRU）和概率模型中使用。此外，一些自编码器有额外的要求，不能使用分段线性激活函数。

1. softmax

softmax 激活函数将数据集中的值映射为另一组值，这些值范围在 0 到 1 之间，它们的和等于 1。因此，softmax 创建了一个概率分布。在使用卷积神经网络（CNN）进行图像分类时，softmax 激活函数将最后的隐藏层的值映射到输出层的 10 个神经元。含有最大概率的索引位置与数字 1 在输入图像的 one-hot 编码中的位置对应。如果索引值相等，则认为图像被正确分类，否则将认为不匹配（即没有被正确分类）。

2. softplus

softplus 激活函数是 ReLU 的近似平滑（即可微）。回想一下，原点是 ReLU 函数唯一不可微的点，通过 softplus 激活函数对其进行“平滑”，其方程如下：

```
f(x) = ln(1 + e^x)
```

3. tanh

tanh 激活函数的值域范围是 (-1,1)，而 sigmoid 激活函数的值域范围是 (0,1) 这两种激活函数都是有饱和的，但是不同于 sigmoid，tanh 的输出是以 0 为中心的。因此在实际应用中，tanh 非线性总是优于 sigmoid 非线性。

sigmoid 和 tanh 激活函数出现在长短期记忆模型（sigmoid 用于三个门而 tanh 用于内部隐藏单元）中，以及门控循环单元 GRU 在计算关于输入门、遗忘门、输出门的时候（第 7 章将讨论这些细节）。

6.2.5　sigmoid、softmax 和 hardmax 的区别

本节简要讨论这三个函数之间的差别。第一，sigmoid 函数用于逻辑回归模型，以及 LSTM 和 GRU 的门中进行二分类。在构建神经网络时，我们使用 sigmoid 函数作为激活函数，但是要记住，概率之和不一定等于 1。

第二，softmax 函数对 sigmoid 进行了泛化——它用于多分类的逻辑回归模型。softmax 函数用于 CNN 的全连接层（最右边的隐藏层和输出层）的激活函数。不同于 sigmoid，它的概率之和必须等于 1。对于二分类 (n=2) 问题你可以使用 sigmoid 或者 softmax。

第三，所谓的“hardmax”函数将输出值置为 0 或者 1（类似于阶梯函数）。例如，假设我们有三个类 {c1,c2,c3} 并且它们的得分分别是 [1,7,2]。那么 hardmax 概率是 [0,1,0]，而 softmax 概率则是 [0.1,0.7,0.2]。注意 hardmax 的概率之和为 1，这一点同 softmax 一样。然而 hardmax 概率为要么全是（1）要么全否（0），而 softmax 概率则更类似于接受“部分信任”。

6.3　逻辑回归

尽管它的名字叫回归，实际上它是一个线性模型的二分类器。逻辑回归处理多个独立的变量，并通过一个 sigmoid 函数来计算概率。逻辑回归本质上是将 sigmoid 激活函数应用于线性回归从而进行二分类。

逻辑回归在许多互不相关的领域中应用广泛。这些领域包括机器学习、医学领域和社会科学领域。根据观察到的病人表现出的各种特征，逻辑回归可以用来预测患有某种疾病的风险。逻辑回归在包括工程、营销和经济学的一些其他领域也有应用。

逻辑回归可以是二分类（因变量只有两个结果）、多分类（因变量有三个或更多结果），或有序分类（有序因变量），但主要用于二分类。例如，假设一个数据集的数据属于类别 A 或 B，当给出一个新的数据样本，逻辑回归预测新的数据样本是 A 类或 B 类中的哪一个。相比之下，线性回归是预测一个数值，比如第二天的股票价格。

6.3.1　设置阈值

阈值是一个数值，它用来决定数据样本属于 A 类还是 B 类。例如，通过 / 失败阈值可能是 0.70。在加州，驾照的笔试通过 / 失败阈值是 0.85。

另一个例子，假设 p=0.5 是“临界”概率。那么概率大于 0.5 时划分为 A 类，概率小于等于 0.5 时划分为 B 类。由于只有两个类别，所以我们就有了一个分类器。

一个类似（但略有不同）的场景是抛一枚平衡性良好的硬币。我们知道掷出正面的概率是 50%（我们把这个结果标记为 A 类），掷出反面的概率是 50%（我们把这个结果标记为 B 类）。如果我们有一个带有这样的标签的数据集，那么我们估计 A 类和 B 类分别占 50%。

然而，我们无法（提前）确定会有多少比例的人可以通过驾照笔试，或有多少比例的人可以通过考试。那么就需要通过包含这些场景的结果的数据集进行训练，逻辑回归就是一项适合做这件事情的技术。

6.3.2　逻辑回归的重要假设

逻辑回归要求被观测样本彼此独立。另外，逻辑回归要求独立变量之间存在很小或没有多重线性相关性。逻辑回归用于处理数值型、类别型或连续型变量，并假设独立变量与其对应分类的对数几率呈线性相关，对数几率的定义如下：

```
odds = p/(1-p) and logit = log(odds)
```

这个分析不要求因变量和自变量之间线性相关，但是要求自变量与其对应分类的对数几率线性相关。

逻辑回归用于存在多个解释变量的情况下获得几率比例。这个过程与多重线性回归非常相近，只不过响应变量是二元的。输出的结果是每个变量对于观测的感兴趣事件发生的几率比例的作用影响。

6.3.3　线性可分数据

线性可分数据是指可以被一条线（二维）、一个平面（三维）或一个超平面（更高维）分割的数据。线性不可分数据是指一组数据无法被一条线或一个超平面分割。例如，XOR 函数涉及无法被一条线分割的数据点。如果用两个变量来为 XOR 函数创建一个真值表，点 (0,0) 和点 (1,1) 属于类别 0，而点 (0,1) 和点 (1,0) 属于类别 1（可在二维平面中绘制这些点来确信）。解决方案包括在更高维度上进行转换数据，使其成为线性可分的，这是 SVM 中使用的技术（在本章前面讨论过）。

6.4　Keras、逻辑回归和 Iris 数据集

清单 6.6 所展示的 tf2_keras_iris.py 定义了一个基于 Keras 的模型来执行逻辑回归。

清单 6.6　tf2_keras_iris.py

```
import tensorflow as tf
import matplotlib.pyplot as plt

from sklearn.datasets import load_iris
from sklearn.model_selection import train_test_split
from sklearn.preprocessing import OneHotEncoder,
StandardScaler

iris = load_iris()
X = iris['data']
y = iris['target']

#you can view the data and the labels:
#print("iris data:",X)
#print("iris target:",y)

# scale the X values so they are between 0 and 1
scaler = StandardScaler()
X_scaled = scaler.fit_transform(X)

X_train, X_test, y_train, y_test = train_test_split(X_
scaled, y, test_size = 0.2)

model = tf.keras.models.Sequential()
model.add(tf.keras.layers.Dense(activation='relu',
input_dim=4,
           units=4, kernel_initializer='uniform'))

model.add(tf.keras.layers.Dense(activation='relu',
units=4,
                        kernel_initializer='uniform'))
model.add(tf.keras.layers.Dense(activation='sigmoid',
units=1,
                        kernel_initializer='uniform'))
#model.add(tf.keras.layers.Dense(1,
activation='softmax'))

model.compile(optimizer='adam', loss='mean_squared_
error', metrics=['accuracy'])
model.fit(X_train, y_train, batch_size=10, epochs=100)

# Predicting values from the test set
y_pred = model.predict(X_test)

# scatter plot of test values-vs-predictions
fig, ax = plt.subplots()
ax.scatter(y_test, y_pred)
ax.plot([y_test.min(), y_test.max()], [y_test.min(), y_
test.max()], 'r*--')

ax.set_xlabel('Calculated')
ax.set_ylabel('Predictions')
plt.show()
```

清单 6.6 以两个 `import` 语句开始，然后通过 `Iris` 数据集初始化变量 `iris`。变量 `X` 包含 `Iris` 数据集的前三列（和所有行），变量 `y` 包含 `Iris` 数据集的第四列（和所有行）。接下来的部分以 80/20 的比例将数据分割为训练集和测试集。然后，基于 `Keras` 的模型创建了三个全连接层，其中前两层指定 Relu 为激活函数，第三层指定 `sigmoid` 为激活函数。

接下来的部分编译并训练模型，然后通过测试集数据计算模型的准确率。运行清单 6.6 的代码你会得到如下结果：

```
Train on 120 samples
Epoch 1/100120/120 [==============================] - 0s
980us/sample - loss: 0.9819 - accuracy: 0.3167
Epoch 2/100
120/120 [==============================] - 0s 162us/
sample - loss: 0.9789 - accuracy: 0.3083
Epoch 3/100
120/120 [==============================] - 0s 204us/
sample - loss: 0.9758 - accuracy: 0.3083
Epoch 4/100
120/120 [==============================] - 0s 166us/
sample - loss: 0.9728 - accuracy: 0.3083
Epoch 5/100
120/120 [==============================] - 0s 160us/
sample - loss: 0.9700 - accuracy: 0.3083
// details omitted for brevity
Epoch 96/100
120/120 [==============================] - 0s 128us/
sample - loss: 0.3524 - accuracy: 0.6500
Epoch 97/100
120/120 [==============================] - 0s 184us/
sample - loss: 0.3523 - accuracy: 0.6500
Epoch 98/100
120/120 [==============================] - 0s 128us/
sample - loss: 0.3522 - accuracy: 0.6500
Epoch 99/100
120/120 [==============================] - 0s 187us/
sample - loss: 0.3522 - accuracy: 0.6500
Epoch 100/100
120/120 [==============================] - 0s 167us/
sample - loss: 0.3521 - accuracy: 0.6500
```

图 6.1 显示了测试数据和对应预测数据的散点图。

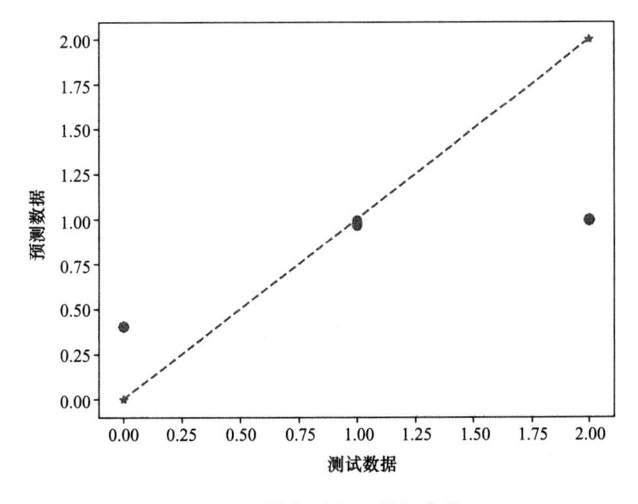

图 6.1 散点图和最佳拟合线

诚然，准确率很差（或者糟透了），但你很可能会遇到这种情况。使用不同数量的隐藏层进行实验，并将最终的隐藏层替换为指定 softmax 激活函数（或其他一些激活函数）的全连接层，以查看此更改是否提高了准确性。

6.5 小结

本章首先介绍了分类和分类器，然后简要介绍了机器学习中常用的分类器。接下来你学习了激活函数相关的知识以及它们为什么在神经网络中如此重要，并且了解了如何在神经网络中使用激活函数。然后，你看到了用于各种激活函数在 TensorFlow/Keras 的 API 列表，然后描述了它们的一些优缺点。

你也学习了逻辑回归和其涉及的 sigmoid 激活函数，以及一个基于 Keras 的逻辑回归的代码示例。

CHAPTER 7

第7章

自然语言处理与强化学习

本章简要介绍自然语言处理（NLP）和强化学习（RL）。这两个主题都可以使用整本书的篇幅来讲解，因为它们通常涉及很多复杂的主题，本章仅进行了简要介绍。如果你想全面了解 BERT（本章后面会简单讨论），你需要了解“attention”机制和 Transformer 架构。同样，如果你想深入了解 RL，则需要了解深度学习架构。在阅读本章中有关 NLP 和 RL 的粗略介绍之后，如果感兴趣的话，可以在网上找到更多相关信息。

7.1 节讨论 NLP，以及 Keras 的一些代码示例，还会讨论自然语言理解（NLU）和自然语言生成（NLG）。

7.2 节介绍强化学习，以及适合强化学习的任务类型。你将了解 `nchain` 任务和 ε 贪心算法，它们可以实现纯贪心算法无法解决的问题。你还将学习贝尔曼方程，它是强化学习的基石。

7.3 节讨论了 Google 的 TF-Agents 工具包、深度 RL（与 RL 相结合的深度学习）和 Google 的 Dopamine 等工具包。

7.1 使用 NLP

本节重点介绍 NLP 中的一些概念，根据读者的不同背景知识，可能需要在网上搜索有关概念的更多信息（例如维基百科）。虽然本节对于这些概念的介绍比较浅显，但你将知道该如何进一步学习 NLP。

当前，NLP 是机器学习（ML）社区中的重大关注焦点。以下列出了 NLP 的一些用例：

- 聊天机器人。
- 搜索（文本和音频）。
- 文本分类。
- 情感分析。

- 推荐系统。
- 问答。
- 语音识别。
- NLU。
- NLG。

在日常生活中，你会遇到许多这样的示例，比如访问 Web 页面、在线搜索书籍、电影推荐等。

7.1.1　NLP 技术

最早是使用基于规则的方法来解决 NLP 任务的，此方法在整个行业中占据了主导地位。使用基于规则的方法示例包括正则表达式（RegExs）和上下文无关语法（CFG）。有时使用 RegExs 是为了从网页上抓取的文本中删除 HTML 标签，或从文档中删除不需要的特殊字符。

第二种方法使用用户自定义特征的数据训练 ML 模型。此方法需要大量的特征工程（这是一项艰巨的任务），包括分析文本以删除不想要的和多余的内容（如停止词），以及单词的转换（例如将大写转换为小写）。

最新的方法涉及深度学习，即利用神经网络学习特征，取代了人工实施特征工程。关键思想之一在于将单词"映射"到数字，这可以将句子映射到数字向量。将文档转换为向量后，就可以对这些向量执行许多操作。例如，我们可以使用向量空间的概念来定义向量空间模型，两个向量的距离可以通过它们之间的角度（余弦相似度）来度量。如果两个向量彼此"接近"，则对应的句子在含义上可能相似。它们的相似性基于分布假设，该假设认为在相同上下文中的单词往往具有相似的含义。

有一篇不错的文章介绍了单词的向量表示，并提供了代码示例的链接：

https://www.tensorflow.org/tutorials/representation/word2vec

1. `Transformer` 架构

Google 在 2017 年推出了 `Transformer` 神经网络架构，它基于非常适合语言理解的"自注意力"机制。

Google 指出，在将学术英语翻译成德语以及英语翻译成法语的过程中，`Transformer` 的性能优于 RNN 和 CNN 的早期基准。而且训练 `Transformer` 的算力更少，训练时间也缩短了一个数量级。

`Transformer` 可以处理句子"I arrived at the bank after crossing the river"，并正确判定单词"bank"是指河岸而不是银行。Transformer 通过在"bank"和"river"之间建立关联做出判定。另一个例子是，`Transformer` 可以确定以下两个句子中"it"的不同含义：

"The horse did not cross the street because it was too tired."

"The horse did not cross the street because it was too narrow."

Transformer 计算某单词的代表含义时，是通过将给定单词与句子中的其他单词进行比较，得出句子中单词的"注意力得分"。Transformer 用这些分数来确定其他单词对该单词代表含义的贡献程度。

通过上述比较，可得出句子中其他每个单词的注意力得分。所以在计算"bank"的代表含义时，"河流"获得了很高的注意力得分。

尽管 LSTM 和双向 LSTM 在 NLP 任务中大量使用，但 Transformer 在 AI 社区中获得了很大的吸引力。它不仅可在语言之间进行翻译，而且在某些任务上它可以胜过 RNN 和 CNN。Transformer 架构可用较少的计算时间来训练模型，这解释了为什么有些人认为 Transformer 已经取代了 RNN 和 LSTM。

以下链接是在 Google Colaboratory 运行的 Transformer 神经网络的 TF 2 代码示例：

https://www.tensorflow.org/alpha/tutorials/text/transformer

近期另一个有意思的架构称为"注意力增强卷积网络"，它是 CNN 与自注意力两者的结合。这种组合比纯 CNN 的准确率更高，https://arxiv.org/abs/1904.09925 链接提供了更多详细信息。

2. Transformer-XL 架构

Transformer-XL 将 Transformer 架构与递归机制和相对位置编码这两种方法结合，从而获得比 Transformer 更好的结果。Transformer-XL 可用于单词级和字符级语言建模。

Transformer-XL 和 Transformer 都会处理标记（token）的第一个片段，但前者也会保留隐藏层的输出。因此，Transformer-XL 每个隐藏层都从前一个隐藏层接收两个输入，然后将它们连接起来以向神经网络提供更多信息。

根据下面这篇文章，Transformer-XL 的性能明显优于 Transformer，其依赖性比普通 RNN 多 80%：

https://hub.packtpub.com/transformer-xl-a-google-architecture-with-80-longer-dependency-than-rnns/

3. Reformer 架构

Reformer 架构是近期发布的，它使用两种方法来提高 Transformer 架构的效率（即较低的内存和长序列上更快的性能）。所以 Reformer 架构的复杂度也低于 Transformer。有关 Reformer 的更多详细信息，请访问以下网址查询：

https://openreview.net/pdf?id=rkgNKkHtvB

一些与 Reformer 有关的代码可访问 https://pastebin.com/62r5FuEW 查看

4. NLP 的深度学习模型

NLP 的深度学习模型可以包含 CNN、RNN、LSTM 和双向 LSTM。例如，谷歌于 2018 年发布了 BERT，这是 NLP 中非常强大的一个框架，查看源代码可访问 https://github.com/google-research/bert。BERT 非常复杂，涉及双向 `TransFormer` 和“注意力”（attention）机制（本章后面将简要讨论）。

第 4 章你已了解到 CNN 非常适用于图像分类任务。你可能会惊讶地发现 CNN 也可用于 NLP 任务。但是，你必须首先将字典中的每个单词（可以是英语或其他语言的单词子集）“映射”到数值，然后从句子中的单词构造一个数值型向量，将整篇文档转换为一组数值向量（涉及一些我们未讨论的技术方法），以创建适合 CNN 输入的数据集。

另一种选择是使用 RNN 和 LSTM 代替 CNN 执行 NLP 相关的任务。实际上，“双向 LSTM”已在 ELMo（语言模型嵌入）中成功使用，而 BERT 是基于双向 TransFormer 架构的。

NLP 的深度学习通常比其他方法具有更高的准确性，但请注意，有时它的速度不如基于规则和传统的 ML 方法。如果有兴趣，可以在以下代码示例中使用 TensorFlow 和 RNN 进行文本分类：

https://www.tensorflow.org/alpha/tutorials/text/text_classification_rnn

使用 TensorFlow 和 RNN 进行文本生成的代码示例可访问如下网址查看：

https://www.tensorflow.org/alpha/tutorials/text/text_generation

5. NLP 中的数据预处理任务

针对文档会有一些常见的预处理任务，如下所示：

- [1] 字母小写化。
- [1] 噪声消除。
- [2] 标准化。
- [3] 文本充实。
- [3] 停止词删除。
- [3] 词干提取。
- [3] 词性还原。

上述任务可以如下分类：

- [1]：必要性任务。
- [2]：推荐性任务。
- [3]：视情况而定的任务。

简而言之，预处理任务至少涉及删除多余单词（“a”“the”等）、删除单词后缀（“running”、“runs”和“ran”视同于“run”）、大写转换为小写。

7.1.2 流行的 NLP 算法

下面列出了一些流行的 NLP 算法，在某些情况下，它们是更复杂的 NLP 工具包的基础：

- n-gram 和 skip-gram。
- BoW：词袋模型。
- tf-idf：提取关键字的基本算法。
- Word2Vector（Google）：用于描述文本的项目。
- GloVe（斯坦福大学 NLP 小组）。
- LDA：文本分类。
- CF（协同过滤）：新闻推荐系统（Google 新闻和 Yahoo 新闻）中的算法。

下面将简要讨论其中的一些主题。

1. 什么是 n-gram

n-gram 是组合相邻单词以创建词汇的方法。此方法保留了单词的一些位置（与 BoW 不同）。你需要指定“n”的值，以确定组的大小。

这个方法的思路很简单：对于句子中的每个单词，构造一个词汇表，使给定单词的左侧和右侧各包含 n 个单词。举个简单的例子，“This is a sentence”具有以下 2-gram 语法：

```
(this,is),(is,a),(a,sentence)
```

再举一个例子，我们用同一个句子“This is a sentence”来确定其 3-gram：

```
(this,is,a),(is,a,sentence)
```

n-gram 的概念出奇得强大，在对模型进行预训练时，它在流行的开源工具包（例如 ELMo 和 BERT）中大量使用。

2. 什么是 skip-gram

给定句子中的某个单词，skip-gram 通过构造一个列表来创建词汇表，该列表在给定单词的两边各包含 n 个单词。例如，考虑下列句子：

```
the quick brown fox jumped over the lazy dog
```

大小为 1 的 skip-gram 会产生以下词汇表：

```
([the,brown],quick),([quick,fox],brown),
([brown,jumped],fox),...
```

大小为 2 的 skip-gram 产生以下词汇表：

```
([the,quick,fox,jumped],brown),
([quick,brown,jumped,over],fox),([brown,fox,over,the],
jumped),...
```

以下链接包含有关 skip-gram 的更多详细信息：

https://www.tensorflow.org/tutorials/representation/word2vec#the_skip-gram_model

3. 什么是 BoW

BoW（Bag of Word，词袋模型）为句子中的每个单词分配一个数字值，并将这些单词视为一个集合（或词袋）。因此，BoW 不会跟踪相邻的单词，是一种非常简单的算法。

清单 7.1 显示了 Python 脚本 `bow_to_vector.py` 的内容，说明了如何使用 BoW 算法。

清单 7.1　bow_to_vector.py

```
VOCAB = ['dog', 'cheese', 'cat', 'mouse']
TEXT1 = 'the mouse ate the cheese'
TEXT2 = 'the horse ate the hay'

 def to_bow(text):
  words = text.split(" ")
  return [1 if w in words else 0 for w in VOCAB]

print("VOCAB: ",VOCAB)
print("TEXT1:",TEXT1)
print("BOW1: ",to_bow(TEXT1))  # [0, 1, 0, 1]
print("")

print("TEXT2:",TEXT2)
print("BOW2: ",to_bow(TEXT2))  # [0, 0, 0, 0]
```

清单 7.1 首先初始化一个列表 `VOCAB` 和两个文本字符串 `TEXT1` 和 `TEXT2`。下一部分代码定义了 Python 函数 `to_bow()`，该函数返回包含 0 和 1 的数组，如果当前句子中的单词出现在词汇表中，则返回 1（否则返回 0）。最后一部分代码使用两个不同的句子调用 Python 函数。清单 7.1 的输出结果如下：

```
('VOCAB: ', ['dog', 'cheese', 'cat', 'mouse'])
('TEXT1:', 'the mouse ate the cheese')
('BOW1: ', [0, 1, 0, 1])

('TEXT2:', 'the horse ate the hay')
('BOW2: ', [0, 0, 0, 0])
```

4. 什么是词频

词频是单词在文档中出现的次数，在不同的文档中可能有所不同。考虑以下由两个文档 `Doc1` 和 `Doc2` 组成的简单示例：

```
Doc1 = "This is a short sentence"
Doc2 = "yet another short sentence"
```

此处显示单词“is”和单词“short”的 *tf*（词频）值的计算：

```
tf(is) = 1/5 Doc1中
tf(is) = 0 Doc2中
tf(short) = 1/5 Doc1中
tf(short) = 1/4 Doc2中
```

上述数值将在下面计算 *tf-idf* 时详细解释。

5. 什么是逆文档频率

给定 N 个文档，并指定一篇文档中的一个单词，每个单词的 *dc* 和 *idf*（逆文档频率）定义如下：

```
dc = 包含指定单词的文档数
idf = log(N/dc)
```

现在，使用前面两个文档 Doc1 和 Doc2：

```
Doc1 = "This is a short sentence"
Doc2 = "yet another short sentence"
```

单词“is”和单词“short”的 *idf* 值的计算如下：

```
idf(is) = log(2/1) = log(2)
idf(short) = log(2/2) = 0
```

链接 https://en.wikipedia.org/wiki/Tf–idf#Example_of_tf–idf 提供了有关逆文档频率的更多详细信息：

6. 什么是 tf–idf

“*tf-idf* ”是“词频－逆文档频率”的缩写，是单词的 *tf* 值和 *idf* 值的乘积，如下所示：

```
tf-idf = tf * idf
```

高频单词的 *tf* 值较高，而 *idf* 值较低。通常，“稀有”词比“流行”词更与文档主题相关，因此稀有词有助于提取文档的“相关性”。例如，假设你有 10 个文档组成的集合文档（真实文档，不是我们之前使用的简单示例）。“the”一词在英语句子中经常出现，但未在文档中提供任何主题信息。但是如果“ universe”一词在某个文档中多次出现，那么它就提供了该文档的主题信息，并可通过 NLP 技术的帮助来确定文档主题（或其具有的多个主题）。

7. 什么是词嵌入

嵌入是指一个固定长度的向量，用于编码和表示实体（文档、句子、单词、图形）。每个单词都由一个实值向量表示，这会导致产生数百个维度。这种编码同时也会导致稀疏向量的情况，one-hot 编码就是一例，它会导致一个位置的值为 1，所有其他位置的值为 0。

三种流行的词嵌入算法是 Word2vec、GloVe 和 FastText。需注意，这三种算法都是无监督方法。它们也都基于分布假设，即相同上下文中的单词往往具有相似的含义（https://aclweb.org/aclwiki/Distributional_Hypothesis）

一篇介绍 TensorFlow 中 Word2Vec 的文章请见以下链接：

https://towardsdatascience.com/learn-word2vec-by-implementing-it-in-tensorflow-45641adaf2ac

如果想在 gensim 中使用 FastText 和 Word2Vec，这是一篇非常有用的文章：

https://towardsdatascience.com/word-embedding-with-word2vec-and-fasttext-a209c1d3e12c

另一篇很好的文章介绍了 skip-gram 模型：

https://towardsdatascience.com/word2vec-skip-gram-model-part-1-intuition-78614e4d6e0b

这篇文章描述了 FastText 在“后台”是如何运行的：

https://towardsdatascience.com/fasttext-under-the-hood-11efc57b2b3

除了上述算法，还有一些流行的嵌入模型，下面列出其中一些：

- 基线平均句子嵌入。
- Doc2Vec。
- 神经网络语言模型。
- skip-thought 向量模型
- quick-thought 向量模型
- inferSent
- 通用句子编码器

你可以在网上搜索上述嵌入模型的更多信息。

7.1.3 ELMo、ULMFit、OpenAI、BERT 和 ERNIE 2.0

在 2018 年期间，与 NLP 相关的研究取得了一些重大进展，发布了如下工具包和框架：

- ELMo：发布于2018年2月
- ULMFit：发布于2018年5月
- OpenAI：发布于2018年6月
- BERT：发布于2018年10月
- MT-DNN：发布于2019年1月
- ERNIE 2.0：发布于2019年8月

ELMo 是“语言模型嵌入”（Embeddings from Language Model）的首字母缩略词，它提供了深度的上下文词表示形式和最新的上下文词向量，显著改善了词嵌入。

杰里米·霍华德（Jeremy Howard）和塞巴斯蒂安·鲁德（Sebastian Ruder）创建了通用语言模型微调模型（Universal Language Model Fine-tuning，ULMFit），这是一种迁移学习方法，可以应用于 NLP 中的任何任务。ULMFit 在六个文本分类任务上明显优于其他前沿技术，在大多数数据集上将错误减少了 18% ~ 24%。

此外，它只使用 100 个带标签的示例，但其性能可与使用 100 倍的数据进行训练的模型相媲美。ULMFit 可从 GitHub 下载：

https://github.com/jannenev/ulmfit-language-model

OpenAI 开发了 GPT-2（GPT 的后继产品），该模型经过训练可以预测 40GB 的互联网文本中的下一个单词。由于担心这项技术会被恶意应用，OpenAI 没有发布训练过的模型。

GPT-2 是一个基于 TransFormer 的大型语言模型，有 15 亿个参数，在 800 万个网页（由人工搜集整理而来）的数据集上进行了训练，并着重于内容的多样性。给定某些文本中的先前所有单词，GPT-2 经过训练可以预测下一个单词。数据集的多样性使目标涵盖了横跨不同领域的、自然发生的语言表达。GPT-2 是 GPT 的直接扩展，有超过其 10 倍的参数，训练模型也使用了超过 10 倍的数据量。

BERT 是"TransFormer 的双向编码器表示形式"（Bidirectional Encoder Representations from TransFormer）的首字母缩写。BERT 可以通过以下这种简单的英语测试（即 BERT 可以在多项选择题中做出正确的判断）：

```
On stage, a woman takes a seat at the piano. She:
a) sits on a bench as her sister plays with the doll.
b) smiles with someone as the music plays.
c) is in the crowd, watching the dancers.
d) nervously sets her fingers on the keys.
```

BERT 和英语测试的详细信息请见如下链接：

https://www.lyrn.ai/2018/11/07/explained-bert-state-of-the-art-language-model-for-nlp/

GitHub 上可以找到 BERT（TensorFlow）源代码：

https://github.com/google-research/bert

https://github.com/hanxiao/bert-as-service

另一个有趣的发展是微软的 MT-DNN，微软认为 MT-DNN 的性能可超过 Google BERT：

https://medium.com/syncedreview/microsofts-new-mt-dnn-outperforms-google-bert-b5fa15b1a03e

Jupyter notebook 也支持 BERT，你需要以下几项，以在 Google Colaboratory 中运行 notebook：

- GCP（Google Compute Engine，Google 计算引擎）账户。
- GCS（Google Cloud Storage，Google 云存储）桶（bucket）。

以下链接介绍了 Google Colaboratory 中的 notebook：

https://colab.research.google.com/github/tensorflow/tpu/blob/master/tools/colab/bert_finetuning_with_cloud_tpus.ipynb

2019 年 3 月，百度开源了 ERNIE 1.0（Enhanced Representation through kNowledge IntEgration），百度认为 ERNIE 1.0 在涉及中文理解的任务上胜过 BERT。2019 年 8 月，百度开源了 ERNIE 2.0，可从以下链接下载：

https://github.com/PaddlePaddle/ERNIE/

以下链接中的文章提供了有关 ERNIE 2.0（以及其架构）的更多内容：

https://hub.packtpub.com/baidu-open-sources-ernie-2-0-a-continual-pre-training-nlp-model-that-outperforms-bert-and-xlnet-on-16-nlp-tasks/

7.1.4 什么是 Translatotron

Translatotron 是一种端到端的语音到语音翻译模型（来自 Google），其输出保留了原始讲话者的声音，此外，它使用更少的数据进行训练。

语音翻译系统在过去的几十年中得到了发展，其目标是帮助说不同语言的人相互交流。这样的系统包括三个部分：

- 自动语音识别可将源语音转录为文本。
- 机器翻译将转录的文本翻译成目标语言。
- 文本到语音的合成（TTS），从翻译文本生成目标语言的语音。

前述方法已成功应用于商业产品（包括 Google Translate）。但是，Translatatron 不需要单独的步骤，因此具有以下优点：

- 更快的推断速度。
- 避免识别和翻译间产生复合错误。
- 翻译后更容易保留原始说话者的声音。
- 更好地处理未翻译的单词（名称和专有名词）。

到此为止，本章有关 NLP 的部分到此结束。在 AI 社区中，另一个引起人们极大兴趣的领域是 RL，将在本章后面介绍。

7.1.5 NLU 与 NLG

NLU 是自然语言理解（Natural Language Understanding）的首字母缩写。NLU 与机器阅读理解相关，而机器阅读理解被认为是一个难题。同时，NLU 与机器翻译、问答和文本分类（以及其他内容）相关。NLU 试图辨别零碎句子和连续句子的含义，然后执行某种类型的操作（例如回应语音询问）。

NLG 是自然语言生成（Natural Language Generation）的首字母缩写，主要涉及生成文档。马尔可夫链（本章稍后讨论）是 NLG 的首批算法之一。另一种技术是 RNN（在第 5 章已讨论），RNN 可以保留前一个单词的某些历史记录，然后计算序列中下一个单词的概率。回想一下，由于 RNN 受内存限制，这影响到可以生成的句子长度。第三种技术是 LSTM，它可以长时间保持状态，还可以避免“梯度爆炸”问题。

近年（约在 2017 年），Google 推出了 TransFormer 架构，包含用于处理输入的编码器和用于语句生成的解码器。基于 TransFormer 的架构比 LSTM 更高效，因为 TransFormer 使用小的固定步长以应用“自注意力机制”来模拟句子中所有单词之间的关系。

实际上，TransFormer 与以前的模型有一个重要的不同，它使用上下文中所有单词的表示形式，而不会将所有信息压缩为单个固定长度的表示形式。这一方法使 TransFormer 能够处理较长的句子却无须高昂的计算成本。

TransFormer 架构是 GPT-2 语言模型（来自 OpenAI）的基础。该模型通过关注先前看到的单词，以及与下一个单词相关的单词，来学习预测句子的下一个单词。2018 年，谷歌发布了用于 NLP 的 BERT 架构，该架构基于具有双向编码器表示形式的 TransFormer。

7.2 强化学习

强化学习（RL）是机器学习的子集，它试图为与"环境"交互的"智能体"（agent）找到最大的回报。RL 适合解决涉及延迟奖励的任务，尤其是当这些奖励大于过程中间的奖励时。

实际上，RL 可以处理涉及负、零和正奖励组合的任务。例如，如果你决定辞职以实现全日制上课学习，这一事件产生了经济支出（负回报），但你相信时间和金钱上的投资将带来更高的薪水（正回报），这超过了上学的成本和收入损失。

令人意想不到的是，RL 的智能体容易受到 GAN 的影响。你可以在以下链接中找到更多详细信息（以及相关链接）：

https://openai.com/blog/adversarial-example-research/

7.2.1 RL 应用

有许多 RL 应用程序，在这里列出其中一些：

- 博弈论
- 控制论
- 运筹学
- 信息论
- 基于仿真的优化
- 多智能体系统
- 集群智能
- 统计和遗传算法
- 计算机集群的资源管理
- 交通灯控制（拥堵问题）
- 机器人操作
- 自动驾驶汽车 / 直升机
- Web 系统配置 /Web 页面索引
- 个性化推荐
- 招标和广告
- 机器人步态运动
- 营销策略选择

- 工厂控制

RL 是指用于实现复杂目标的面向目标的算法，例如涉及多个动作（国际象棋或围棋）的获胜游戏。RL 算法会因错误的决策而受到惩罚，也会因正确的决策而受到奖励：这种奖励机制就是强化。

7.2.2 NLP 和 RL

近来，NLP 与 RL 的结合是一个成功的研究领域。一种用于 NLP 的技术涉及基于 RNN 的编码器 - 解码器模型，该模型对于较短的输入和输出序列已有较好的效果。另一种技术涉及神经网络，监督词预测和 RL。这种特别的组合避免了曝光误差，这种误差发生在仅使用有监督学习的模型中。更多详细信息请见以下链接：https://arxiv.org/pdf/1705.04304.pdf

另一个有趣的技术涉及使用 NLP 进行深度强化学习（Deep Reinforcement Learning，DRL，即 DL 与 RL 结合）。如果你还不太熟悉，其实 DRL 在各个领域都有成功案例，例如 Atari 游戏、击败围棋世界冠军李世石，以及机器人技术。此外，DRL 还适用于与 NLP 相关的任务，关键的难点在于设计一个合适的模型。可以在网上搜索使用 RL 和 DRL 解决 NLP 任务的更多信息。

7.2.3 RL 中的值、策略和模型

RL 有三种主要方法。基于值的 RL 估算最优值函数 Q(s,a)，这是在任何策略下均可实现的最大值。基于策略的 RL 直接搜索最佳策略 π，即获得最大未来回报的策略。基于模型的 RL 构建环境模型，并使用该模型（提前）进行计划。

除了前面提到的 RL 方法（值函数、策略和模型）之外，你还需要了解下列 RL 概念：

- 马尔可夫决策过程（MDP）
- 策略（一系列行动）
- 状态 / 值函数
- 动作 / 值函数
- 贝尔曼方程（用于计算奖励）

本章中的 RL 内容仅解决下列主题（了解下列内容之后，可学习上面清单中的概念）：

- 非确定有限状态自动机（NFA）
- 马尔可夫链
- MDP
- ε 贪心算法
- 贝尔曼方程

另一个关键点：几乎所有的 RL 问题都可以表述为 MDP，而 MDP 又是基于马尔可夫链的。让我们先了解一下 NFA 和马尔可夫链，之后再来定义 MDP。

7.2.4　从 NFA 到 MDP

首先以一个简短摘要开篇。MDP 的基础结构是 NFA，它在自动机理论课程（计算机科学学位的一门课程）有详细阐述。NFA 是状态和转移的集合，每个状态和转移具有相等的概率。NFA 具有一个开始状态，以及一个或多个结束状态。

现在，增加 NFA 中转移的概率，使得状态的向外转移概率之和等于 1，这就得到了马尔可夫链。MDP 是具有几个附加属性的马尔可夫链。

下面提供了更多的详细信息，对上述简短摘要进行解释。

1. 什么是 NFA

NFA 是非确定有限状态自动机，是 DFA（确定有限状态自动机）的泛化。图 7.1 是 NFA 的示例。

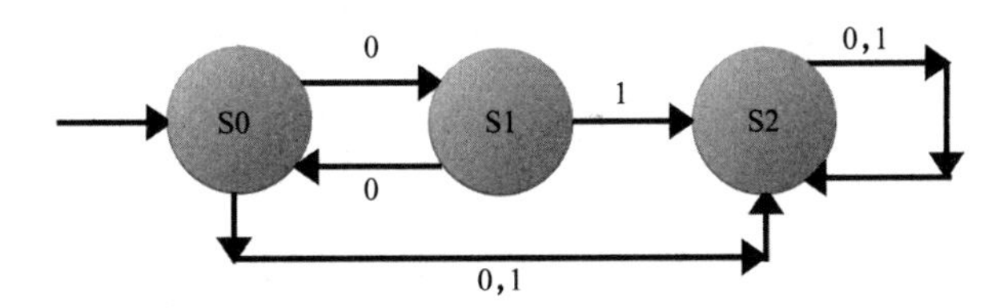

图 7.1　NFA 的一个示例。图片改编自 https://math.stackexchange.com/questions/1240601/what-is-the-easiest-way-to-determine-the-accepted-language-of-a-deterministic-fi?rq=1

NFA 允许定义从给定状态到其他状态的多次转移。运用类比思想，请考虑一些（或大多数）加油站的位置。它们通常位于两条街道的交叉点，这意味着加油站至少有两个入口。加完油之后，你可以从同一入口或第二个入口离开。在某些情况下，你甚至可以从一个入口离开，然后再从另一个入口返回加油站，这相当于状态机中状态的"循环"转换。

下一步涉及将概率添加到 NFA 中以创建马尔可夫链，下面将对其详细介绍。

2. 什么是马尔可夫链

马尔可夫链是具有额外约束的 NFA——每个状态的输出边的概率之和等于 1。图 7.2 展示了一个马尔可夫链。

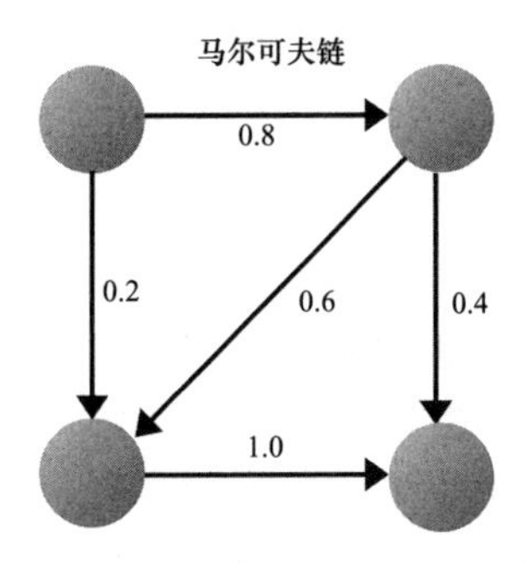

图 7.2　马尔可夫链的一个示例。图片改编自 https://en.wikipedia.org/wiki/Markov_chain

如图 7.2 所示，马尔可夫链就是一个 NFA，因为一个状态可以有多种转移。对概率的约束可确保在下面介绍的 MDP 中执行统计采样。

3. MDP

概括地说，MDP 是一种从复杂分布中采样以推断其属性的方法。具体来讲，MDP 是马尔可夫链的延伸，涉及额外的动作（允许选择）和奖励（给予动机）。相反，如果每个状态仅存在一个动作（例如“等待”），并且所有奖励都相同（例如“零”），则 MDP 简化为马尔可夫链。图 7.3 是 MDP 的一个示例。

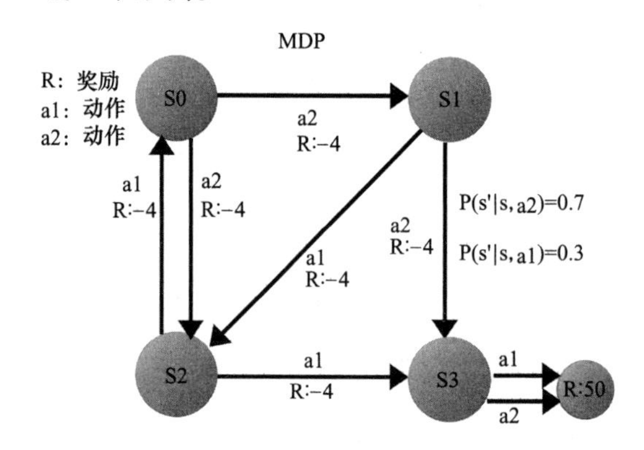

图 7.3　MDP 的一个示例

因此，MDP 包含一组状态和动作，以及从一个状态转移到另一个状态的规则。这个过程的一个环节（例如，一个“游戏”）会产生一系列有限的状态、动作和奖励。一个 MDP 的关键特性是历史不会影响对未来的决策。换句话说，选择下一个状态只依赖于当前状态。

MDP 是不确定的搜索问题，可以通过动态规划和 RL 解决，其结果有些是随机的，有些是可控的。正如本节前面所述，几乎所有的 RL 问题都可以表述为 MDP。因此，RL 可以解决贪心算法无法解决的任务。ε 贪心算法也可以解决此类任务。此外，贝尔曼方程可以计算对各个状态的奖励。ε 贪算法和贝尔曼方程的概念将在后续几小节中讨论。

7.2.5　ε 贪心算法

RL 中存在三个基本问题：

- 探索与利用的权衡
- 奖励延迟的问题（信用分配）
- 需要泛化

探索（exploration）一词指尝试新事物或不同事物，而*利用*（exploitation）一词指利用现有知识或信息。例如，去喜欢的餐馆就是利用的例子（你正在“利用”对好的餐馆的知识），而去一家新餐馆则是探索的例子（你正在“探索”一个新的场所）。当人们搬到新城市时，他们倾向于去新餐馆，而那些从该城市搬走的人则倾向于利用他们对好餐厅的知识。

通常，探索是指做出随机选择，利用则使用贪心算法。ε 贪心算法是探索和利用的一个示例，其中算法的 ε 部分是指进行随机选择，而“利用”则涉及贪心算法。

可以通过 ε 贪心算法解决的一个简单任务的示例是 Open AI Gym 的 NChain 环境，如图 7.4 所示。

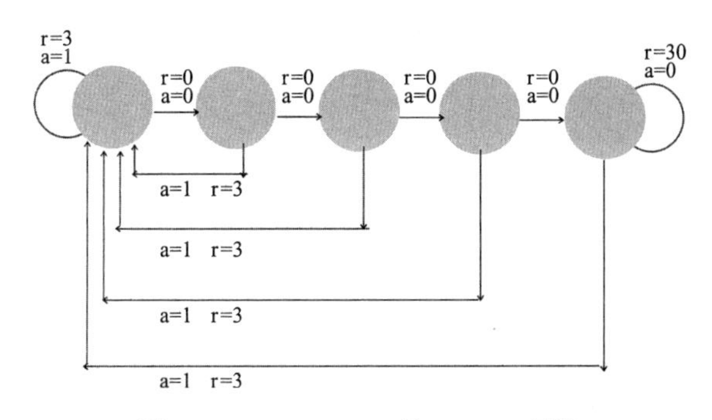

图 7.4　Open AI Gym 的 NChain 环境

图 7.4 改编自 http://ceit.aut.ac.ir/~shiry/lecture/machine-learning/papers/BRL-2000.pdf

图 7.4 中的每个状态都有两个动作，每个动作都有关联的奖励。对于每个状态，其“前进”动作的奖励为 0，而“后退”动作的奖励为 3。由于贪心算法将始终在任何状态下选择较大的奖励，这意味着将始终选择“后退”动作。因此，我们永远不会朝着奖励为 30 的最终状态 4 前进。实际上，如果我们坚持贪心算法，我们永远也不会离开状态 0（初始状态）。

这就是关键问题：我们如何从初始状态 0 到具有大量奖励的最终状态？我们需要一种改进的或混合的算法，以便从间接的低奖励状态到达最终的高奖励状态。

混合算法解释起来很简单，其大约 90% 的时间遵循贪心算法，其余 10% 的时间随机选择状态。此技术简洁、优雅且有效，被称为 ε 贪心算法（但其完整实现还需要额外的细节内容）。

以下链接是 OpenAI 的 NChain 任务的 Python 实现方案：

https://github.com/openai/gym/blob/master/gym/envs/toy_text/nchain.py

RL 中的另一个核心概念涉及贝尔曼方程，将在 7.11 节介绍。

7.2.6　贝尔曼方程

贝尔曼方程以理查德·贝尔曼（Richard Bellman）的名字命名，他推导了这些在 RL 中无处不在的方程。有多个贝尔曼方程，其中一个用于状态值函数，另一个用于动作值函数。图 7.5 是状态值函数的贝尔曼方程。

$$V^{\pi}(s) = E_{\pi}\Big[\sum_{k=0}^{\infty} \gamma^{k} r_{t+k+1} \big| s_t = s\Big]$$

图 7.5　贝尔曼方程

如图 7.5 所示，给定状态的值取决于未来状态的折现值。以下类比有助于理解此公式中 γ 的折现值的用途。假设你以每年 5% 的利率投资 100 美元。一年后，你将有 105 美元（=100+5% *100=100*(1+0.05)），两年后你将有 110.25 美元（=100*(1+0.05)*(1+0.05)），以此类推。

反过来考虑，如果在两年后的将来价值为 100 美元（年投资率 5%），那么它的现值是多少？答案是将 100 除以 (1+0.05) 的幂。具体来说，未来两年的 100 美元现值等于 100/[(1+0.05)*(1+0.05)]。

类似地，贝尔曼方程使我们能够通过计算后续状态的折现奖励，来计算状态的当前值。折现系数称为 γ，通常介于 0.9 到 0.99 之间。在上述 100 美元的例子里，γ 值为 0.9523。

7.2.7　RL 中的其他重要概念

学习了 RL 中的基本概念之后，你可以深入研究下列主题：

- 策略梯度（"最佳"行动规则）
- Q 值
- 蒙特卡罗
- 动态规划
- 时间差分学习（TD）
- Q 学习
- 深度 Q 网络

这些主题在网上的相关文章中都有介绍（建议：维基百科可作为了解 RL 概念的起点），在掌握了前面讨论的 RL 入门概念后，上述主题就将变得更富有相关性。学习这些主题需要花些时间，其中一些知识点非常具有挑战性。

7.3　RL 工具包和框架

RL 有很多工具包和库，通常基于 Python、Keras、Torch 或 Java。其中一些如下所示：

- OpenAI Gym：开发和比较 RL 算法的工具包。
- OpenAI Universe：一个能在全球游戏、网站和其他应用程序中衡量和训练 AI 通用智能水平的开源软件平台。
- DeepMind Lab：基于智能体的 AI 研究的可定制 3D 平台。
- rllab：用于开发和评估 RL 算法的框架，与 OpenAI Gym 完全兼容。
- TensorForce：基于 TensorFlow 的实用 DRL，支持 Gitter 并与 OpenAI Gym/Universe/DeepMind Lab 集成。
- tf-TRFL：建立在 TensorFlow 之上的库，公开了一些用于实现 RL 智能体的实用模块。
- OpenAI lab：使用 OpenAI Gym、Tensorflow 和 Keras 的 RL 实验系统。
- MAgent：多智能体的 RL 平台。

● 英特尔 Coach：Coach 是一个 Python 的 RL 研究框架，包含许多前沿算法的实现。

从前面的列表中可以了解到，有很多可用的 RL 工具包，请访问它们的主页以确定哪些工具包具有满足你特定要求的特性。

7.3.1 TF-Agents

Google 在 TensorFlow 中为 RL 创建了 TF-Agents 库。Google TF-Agents 是开源的，可以从 Github 下载：

https://github.com/tensorflow/agents

RL 算法的核心元素即为智能体。智能体承担两项主要职责：定义与环境互动的策略，以及如何从收集的经验中学习 / 训练该策略。TF-Agents 实现了以下算法：

● DQN:Human level control through deep RL Mnih et al.,2015

● DDQN:Deep RL with Double Q-learning Hasselt et al.,2015

● DDPG:Continuous control with deep RL Lillicrap et al.,2015

● TD3:Addressing Function Approximation Error in Actor-Critic Methods Fujimoto et al.,2018

● REINFORCE:Simple Statistical Gradient-Following Algorithms for Connectionist RL Williams,1992

● PPO:Proximal Policy Optimization Algorithms Schulman et al.,2017

● SAC:Soft Actor Critic Haarnoja et al.,2018

在使用 TF-Agents 之前，首先使用以下命令（pip 或 pip3）安装 TF-Agents 的夜间构建版本：

```
# the --upgrade flag ensures you'll get the latest
version
pip install --user --upgrade tf-nightly
pip install --user --upgrade tf-agents-nightly #
requires tf-nightly
```

每个智能体目录下都有“端到端”的示例训练智能体，此处是 DQN 的示例：

tf_agents/agents/dqn/examples/v1/train_eval_gym.py

需注意，TF-Agents 还未正式发行，仍处于积极开发阶段，相关接口可能随时更改。

7.3.2 深度 RL

深度 RL（DRL）是深度学习和 RL 神奇有效的结合，在各种任务中均表现出显著的成果。例如，DRL 赢得了围棋比赛（Alpha Go 与世界冠军李世石的比赛），甚至在复杂的“星际争霸”（DeepMind 的 Alpha Star）和 Dota 游戏中获胜。

随着 2018 年 ELMo 和 BERT 的发布（本章前面已讨论），DRL 借助这些工具包在 NLP 方面取得了重大进步，超过了 NLP 之前的基准测试。

Google 发布了适用于 DRL 的 Dopamine（多巴胺）工具包，可从 GitHub 下载：

https://github.com/google/dopamine

keras-rl 工具包支持 Keras 中前沿的 DRL 算法，旨在与 OpenAI 兼容（本章前面已讨论）。该工具包涵盖以下内容：

- 深度 Q 学习（Deep Q Learning，DQN）
- 双 DQN（Double DQN）
- 深度确定性策略梯度（Deep Deterministic Policy Gradient，DDPG）
- 连续 DQN（Continuous DQN，CDQN 或 NAF）
- 交叉熵法（Cross-Entropy Method，CEM）
- 竞争网络 DQN（Dueling DQN）
- 深度 SARSA（Deep SARSA）
- 异步优势动作评价（Asynchronous Advantage Actor-Critic，A3C）
- 近端策略优化（Proximal Policy Optimization Algorithms，PPO）算法

请注意，上述算法的细节内容，需要对 RL 足够了解。可从 GitHub 下载 keras-rl 工具包：https://github.com/keras-rl/keras-rl

7.4　小结

本章介绍了 NLP，提供了一些 Keras 的代码示例，以及 NLU 和 NLG。此外，你还了解了 NLP 中的一些基本概念，例如 n-gram、BoW、tf-idf 和词嵌入。

之后本章介绍了 RL，以及适用于 RL 的任务类型。你了解了 nchain 任务和 ε 贪心算法可以用来解决纯贪心算法无法解决的问题。此外你还了解了贝尔曼方程，它是 RL 的基石。

接下来，本章介绍了 Google 的 TF-Agents 工具包、DRL（与 RL 相结合的深度学习）和 Google Dopamine 工具包。

恭喜你！你已经到了本书的结尾。本书介绍了许多 ML 概念，还有 Keras，以及线性回归、逻辑回归和深度学习。你现在已经可以进一步深入研究 ML 算法或深度学习，祝你旅途愉快！

APPENDIX A

附录 A

正则表达式简介

本附录介绍正则表达式，它是 Python 中非常强大的语言特性。由于正则表达式也在其他编程语言（例如 JavaScript 和 Java）中使用，因此 Python 之外的其他知识对本附录的知识点也很有用。本附录包含不同复杂程度的代码模块和完整代码示例，适用于初学者以及对正则表达式有所了解的读者。实际上，你可能已经在笔记本计算机的命令行中使用过正则表达式（尽管很简单），不论是 Windows、Unix 还是基于 Linux 的系统。在本附录中，你将学习如何定义和使用比命令行中更复杂的正则表达式。回忆第 1 章，你学习过一些基本的元字符，它们可作为一部分正则表达式，以执行涉及字符串和文本文件的复杂搜索和替换操作。

A.1 节将介绍如何使用数字和字母（大写和小写）定义正则表达式，以及如何在正则表达式中使用字符类。你还将学习字符集和字符类。A.2 节讨论 Python 的 `re` 模块，其中包含几种有用的方法，例如用于匹配字符组的 `re.match()` 方法，用于在字符串中执行搜索的 `re.search()` 方法以及 `findall()` 方法。你还将学习如何在正则表达式中使用字符类（以及如何对其进行分组）。

A.3 节包含各种代码示例，例如，修改文本字符串，使用 `re.split()` 方法拆分文本字符串以及使用 `re.sub()` 方法替换文本字符串。

在阅读本附录中的代码示例时，如果你是新手，一些正则表达式的概念可能会让你有些头大。但是，练习和不断地复习将有助于你更熟悉正则表达式。

最后请记住，这些代码示例最初是为 Python 2.7.5 编写的，可能有一些代码需要更新才能在 Python 3.x 中运行。

A.1 什么是正则表达式

正则表达式称为 RE、regex 或 regex 模式，用来指定可匹配字符串的特定“部分”的表达式。例如，你可以定义一个正则表达式以匹配单个字符或数字、电话号码、邮政编码或电子邮箱地址。你也可以将元字符和字符类用作正则表达式的一部分，以在文本文档中搜索特定模式。当你学会如何使用 RE 后，还可以找到其他方法使用它们。

re 模块（Python 1.5 版本添加）提供了 Perl 样式的正则表达式模式。需注意，Python 早期版本提供的 regex 模块已在 Python 2.5 版本中删除。re 模块提供了用于搜索或替换文本字符串的各种方法（本附录后面会讨论），这与文字处理器中的基本搜索和 / 或替换功能类似（但通常不支持正则表达式）。re 模块还提供了基于正则表达式分割文本字符串的方法。

在深入研究 re 模块中的方法之前，需要先了解元字符和字符类。

A.1.1　Python 中的元字符

Python 支持一系列的元字符，其中大多数与其他脚本语言（如 Perl）以及编程语言（如 JavaScript 和 Java）中的元字符相同。Python 中元字符的完整列表如下：

```
. ^ $ * + ? { } [ ] \ | ( )
```

上述元字符的含义分别为：

- ?（匹配 0 个或 1 个）：表达式 a ? 匹配字符串 a（但不匹配 ab）
- *（匹配 0 个或多个）：表达式 a* 匹配字符串 aaa（但不匹配 baa）
- +（匹配 1 个或多个）：表达式 a+ 匹配 aaa（但不匹配 baa）
- ^（行的开头）：表达式 ^[a] 匹配字符串 abc（但不匹配 bc）
- $（行尾）：[c]$ 匹配字符串 abc（但不匹配 cab）
- .（单个点）：匹配任何字符（换行符除外）

有时，你需要匹配元字符本身而不是它们的表达式，这可以通过两种方法实现。第一种方法用反斜杠（“\”）字符“转义”其符号含义。因此，序列 \?、*、\+、\^、\$ 和 \. 代表文字字符而不是原本的符号含义。你还可以使用序列“\\”“转义”反斜杠字符。如果有两个连续的反斜杠字符，则每个字符都需要一个额外的反斜杠，这意味着“\\\\”是“\\”的“转义”序列。

第二种方法是在一对方括号内列出元字符。例如，[+?] 将“+”和“?”作为文字字符看待，而非元字符。第二种方法显然更紧凑，更不容易出错（很容易在一长串元字符中忘记反斜杠）。你也许猜到了，re 模块中的方法支持元字符。

注意：当“^”字符在方括号（例如 ^[AZ]）的左侧（和外部）时，将正则表达式锚定在行首，而当“^”字符放在方括号的第一个字符时，会否定方括号内的正则表达式（例如 [^AZ]）。

正则表达式中“^”字符的解释取决于其在正则表达式中的位置，如下所示：

- “^[a-z]”表示任何以小写字母开头的字符串

- “[^a-z]”表示不包含任何小写字母的任何字符串
- “^[^a-z]”表示任何一个不以小写字母开头的字符串
- “^[a-z]$”表示单个小写字母
- “^[^a-z]$”表示不是小写字母的单个字符（包括数字）

作为本附录后面要讨论的 re 模块的快速预览，re.sub() 方法可以从文本字符串中删除字符（包括元字符）。例如，以下代码片段从变量 str 中删除所有出现的正斜杠（“/”）和加号（“+”）：

```
>>> import re
>>> str  = "this string has a / and + in it"
>>> str2 = re.sub("[/]+","",str)
>>> print 'original:',str
original: this string has a / and + in it
>>> print 'replaced:',str2
replaced: this string has a  and + in it
```

就像上述代码片段所实现的，可以把文本字符串中的其他元字符在方括号内列出，用以删除它们。

清单 A.1 的 RemoveMetaChars1.py 说明了如何从一行文本中删除其他元字符。

清单 A.1　RemoveMetaChars1.py

```
import re

text1 = "meta characters ? and / and + and ."
text2 = re.sub("[/\.*?=+]+","",text1)

print 'text1:',text1
print 'text2:',text2
```

如果你不熟悉正则表达式，清单 A.1 中的正则表达式可能会有些望而生畏，让我们通过检查整个表达式以及每个字符的含义来解析其内容。首先，[/\.*?=+] 匹配了正斜杠（“/”），点（“.”），问号（“?”），等号（“=”）以及加号（“+”）。注意点“.”前面加了反斜杠字符“\”，这表明否定了“.”的元字符含义（反斜杠可与任何单个非空白字符匹配），而将其视为文字字符。

因此，[/\.*?=+]+ 的意思是，在方括号内的任何元字符，不论出现一次还是多次，都被视为文字字符。

综上，表达式 re.sub("[/\.*?=+]+","",text1) 匹配任何先前出现过的元字符，然后在指定的文本字符串 text1 中将其替换为空字符串。清单 A.1 的输出结果如下：

```
text1: meta characters ? and / and + and .
text2: meta characters  and  and  and
```

在本附录的后面部分，你将了解 re 模块中的其他功能，这些功能可以修改和分割文本字符串。

A.1.2　Python 中的字符集

十进制的一位数是介于 0 和 9 之间（含 0 和 9）的数字，由序列 `[0-9]` 表示。类似地，小写字母是 a 和 z 之间的任何字母，由序列 `[a-z]` 表示。大写字母是 A 到 Z 之间的任何字母，由序列 `[A-Z]` 表示。

以下代码片段说明了如何用简略表达法来指定数字序列和字符串序列，使用简略表达法比指定每个匹配的数字要简单得多：

- `[0-9]` 匹配 1 个数字
- `[0-9][0-9]` 匹配 2 个连续的数字
- `[0-9]{3}` 匹配 3 个连续的数字
- `[0-9]{2,4}` 匹配 2、3 或 4 个连续的数字
- `[0-9]{5,}` 匹配 5 个或更多连续的数字
- `^[0-9]+$` 匹配仅由数字组成的字符串

你可以使用大写或小写字母来定义类似的模式，这比直接指定每个小写字母或每个大写字母要简单得多：

- `[a-z][A-Z]` 匹配单个小写字母，后跟 1 个大写字母
- `[a-zA-Z]` 匹配任何大写或小写字母
- `[2]` 使用 “^” 和 “\”

“^” 字符的含义取决于正则表达式中的上下文。例如，以下表达式匹配以数字开头的文本字符串：

```
^[0-9].
```

但是，以下表达式匹配不以数字开头的文本字符串，这是因为在方括号中，表达式以 “^” 元字符开头，而方括号的左侧（和外部）又有一个 “^” 元字符（前面的内容已介绍了此功能）：

```
^[^0-9]
```

因此，一对匹配的方括号（“[]”）内的 “^” 字符会否定方括号内部的右侧表达式。

反斜杠（“\”）可以“转义”元字符的含义。因此，点 “.” 匹配单个字符（空白符除外），而序列 “\.” 匹配点字符 “.”。其他涉及反斜杠元字符的示例如下：

- `\.H.*` 匹配字符串 `.Hello`
- `H.*` 匹配字符串 `Hello`
- `H.*\.` 匹配字符串 `Hello.`
- `.ell.` 匹配字符串 `Hello`
- `.*` 匹配字符串 `Hello`
- `\..*` 匹配字符串 `.Hello`

A.1.3 Python 中的字符类

字符类是很方便的表达式，比 A.1.2 节中看到的“简易”对应字符更短、更简单。一些便捷的表示数字和字母模式的字符序列如下：

- \d 匹配一个数字
- \w 匹配单个字符（数字或字母）
- \s 匹配单个空白符（空格、换行符、返回符或制表符）
- \b 匹配单词和非单词之间的边界
- \n、\r、\t 分别表示换行符、返回符和制表符
- \ “转义”任何字符

根据前面的定义，\d+ 匹配一个或多个数字，\w+ 匹配一个或多个字符，与使用字符集相比，这两个表达式更紧凑。我们可以重新表述 A.1.2 节中的这些表达式：

- \d 与 [0-9] 相同，\D 与 [^0-9] 相同
- \s 与 [\t\n\r\f\v] 相同，并且匹配任何非空白字符
- \S 表示相反的含义（匹配 [^ \t\n\r\f\v]）
- \w 与 [a-zA-Z0-9_] 相同，并且匹配任何字母数字字符，而 \W 表示相反的含义（匹配 [^a-zA-Z0-9_]）

其他示例如下：

- \d{2} 与 [0-9][0-9] 相同
- \d{3} 与 [0-9]{3} 相同
- \d{2,4} 与 [0-9]{2,4} 相同
- \d{5,} 与 [0-9]{5,} 相同
- ^\d+$ 与 ^[0-9]+$ 相同

花括号（“{}”）被称为量词，指定了位于它们前面表达式的字符数量（或范围）。

A.2 使用 re 模块匹配字符类

re 模块提供以下方法来匹配和搜索文本字符串中出现的一个或多个正则表达式：

- match()：确定 RE 是否在字符串开头匹配
- search()：扫描字符串，查找与 RE 匹配的任意位置
- findall()：查找与 RE 匹配的所有子字符串，并将它们作为列表返回
- finditer()：查找与 RE 匹配的所有子字符串，并将它们作为迭代器返回

注意：match() 函数仅将模式匹配到字符串的开头。

A.2.1 节将展示如何在 re 模块中使用 match() 函数。

A.2.1 使用 re.match() 方法

re.match() 方法可以匹配文本字符串（flags 形参可选填）中的 RE 模式，语法如下：

re.match(pattern, string, flags=0)

Pattern 形参是要在 string 形参中匹配的正则表达式。flags 形参允许使用管道标识符“|”表示的位操作符 OR 来指定多个标识符。

re.match 方法成功时返回匹配对象，失败时返回 None。使用匹配对象的 group(num) 或 groups() 函数来获取匹配的表达式。

- group(num=0)：此方法返回整个匹配项（或特定的子组 num）
- groups()：此方法返回一个元组中所有匹配的子组（如果没有，则为空）

注意：re.match() 方法仅匹配文本字符串开头的模式，这与本附录后面讨论的 re.search() 方法不同。

以下代码块说明了如何在正则表达式中使用 group() 方法：

```
>>> import re
>>> p = re.compile('(a(b)c)de')
>>> m = p.match('abcde')
>>> m.group(0)
'abcde'
>>> m.group(1)
'abc'
>>> m.group(2)
'b'
```

请注意，group() 方法中更大的数字匹配原始正则表达式中嵌套更深的表达式。

清单 A.2 的 MatchGroup1.py 说明了如何使用 group() 方法来匹配包含字母与数字的文本字符串，以及一个字母字符串。

清单 A.2 MatchGroup1.py

```
import re

line1 = 'abcd123'
line2 = 'abcdefg'
mixed = re.compile(r"^[a-z0-9]{5,7}$")
line3 = mixed.match(line1)
line4 = mixed.match(line2)

print 'line1:',line1
print 'line2:',line2
print 'line3:',line3
print 'line4:',line4
print 'line5:',line4.group(0)

line6 = 'a1b2c3d4e5f6g7'
mixed2 = re.compile(r"^([a-z]+[0-9]+){5,7}$")
line7 = mixed2.match(line6)
```

```
print 'line6:',line6
print 'line7:',line7.group(0)
print 'line8:',line7.group(1)

line9 = 'abc123fgh4567'
mixed3 = re.compile(r"^([a-z]*[0-9]*){5,7}$")
line10 = mixed3.match(line9)
print 'line9:',line9
print 'line10:',line10.group(0)
```

清单 A.2 的输出结果如下：

```
line1: abcd123
line2: abcdefg
line3: <_sre.SRE_Match object at 0x100485440>
line4: <_sre.SRE_Match object at 0x1004854a8>
line5: abcdefg
line6: a1b2c3d4e5f6g7
line7: a1b2c3d4e5f6g7
line8: g7
line9: abc123fgh4567
line10: abc123fgh4567
```

请注意，line3 和 line7 是两个相似但不同的正则表达式。一方面，变量 mixed 指定了一个后跟数字的小写字母序列，整个文本字符串的长度也在 5 到 7 之间。字符串 'abcd123' 满足所有这些条件。

另一方面 mixed2 指定由一个或多个对（pair）组成的模式，其中每对包含一个或多个小写字母，后跟一个或多个数字，匹配对的长度也在 5 到 7 之间。在这种情况下，字符串 'abcd123' 以及字符串 'a1b2c3d4e5f6g7' 都满足这些条件。

第三个正则表达式 mixed3 指定一个对，使得每对包含零个或多个小写字母和数字，这种对的数量在 5 到 7 之间。正如输出结果所示，mixed3 中的正则表达式满足以任何顺序匹配小写字母和数字。

在前面的示例中，正则表达式指定了字符串长度的范围，该范围的下限为 5，上限为 7。

你也可以指定只有下限没有上限（或只有上限没有下限）。

清单 A.3 的 MatchGroup2.py 说明了如何使用正则表达式和 group() 函数来匹配字母数字文本字符串和字母字符串。

清单 A.3　MatchGroup2.py

```
import re

alphas = re.compile(r"^[abcde]{5,}")

line1 = alphas.match("abcde").group(0)
line2 = alphas.match("edcba").group(0)
line3 = alphas.match("acbedf").group(0)
line4 = alphas.match("abcdefghi").group(0)
line5 = alphas.match("abcdefghi abcdef")
```

```
print 'line1:',line1
print 'line2:',line2
print 'line3:',line3
print 'line4:',line4
print 'line5:',line5
```

清单 A.3 将变量 alphas 初始化为一个正则表达式，匹配任何一个以字母 a 到 e 开头且至少有 5 个字符的字符串。清单 A.3 的下一部分，可应用在各种文本字符串的 RE 变量 alphas，对 4 个变量 line1、line2、line3 和 line4 进行初始化。这四个变量设置为第一个匹配组 group(0)。

清单 A.3 的输出结果如下：

```
line1: abcde
line2: edcba
line3: acbed
line4: abcde
line5: <_sre.SRE_Match object at 0x1004854a8>
```

清单 A.4 的 MatchGroup3.py 说明了如何使用包含 group() 函数的正则表达式来匹配文本字符串中的单词。

清单 A.4　MatchGroup3.py

```
import re

line = "Giraffes are taller than elephants";

matchObj = re.match( r'(.*) are(\.*)', line, re.M|re.I)

if matchObj:
   print "matchObj.group()  : ", matchObj.group()
   print "matchObj.group(1) : ", matchObj.group(1)
   print "matchObj.group(2) : ", matchObj.group(2)
else:
   print "matchObj does not match line:", line
```

清单 A.4 中的代码输出结果如下：

```
matchObj.group()  :  Giraffes are
matchObj.group(1) :  Giraffes
matchObj.group(2) :
```

清单 A.4 包含一对由管道（“|”）符号分隔的标识符。第一个标识符是支持“多行”的 re.M（此示例仅包含一行文本），第二个标识符 re.I 是在模式匹配时“不区分大小写”。re.match() 方法支持其他标识符，如下一节所述。

re.match() 方法的选项

match() 方法支持各种可选修饰符，这些修饰符会影响将要执行的匹配类型。比如上一个示例，可以指定多个修饰符，修饰符之间用 OR（“|”）符号分隔。可用于 RE 的其他修饰符如下所示：

- re.I 执行不区分大小写的匹配
- re.L 根据当前语言环境解释单词
- re.M 令 $ 匹配行的结尾，^ 匹配任何行的开头
- re.S 令句点（“.”）匹配任何字符（包括换行符）
- re.U 根据 Unicode 字符集解释字母
- 通过编写 Python 代码，可把这些修饰符与不同的文本字符串结合使用

A.2.2　使用 re.search() 方法匹配字符类

如本附录前面所述，re.match() 方法仅从字符串的开头开始匹配，而 re.search() 方法可实现在任何位置匹配子字符串。

re.search() 方法采用两个参数：正则表达式模式和字符串，之后在给定的字符串中搜索指定的模式。search() 方法返回一个匹配对象（如果搜索成功）或 None。

作为一个简单的示例，以下内容搜索 tasty 后跟 5 个字母的单词：

```
import re

str = 'I want a tasty pizza'
match = re.search(r'tasty \w\w\w\w\w', str)

if match:
  ## 'found tasty pizza'
  print 'found', match.group()
else:
  print 'Nothing tasty here'
```

上述代码块的输出结果如下：

```
found tasty pizza
```

以下代码块进一步说明了 match() 方法和 search() 方法之间的区别：

```
>>> import re
>>> print re.search('this', 'this is the one').span()
(0, 4)
>>>
>>> print re.search('the', 'this is the one').span()
(8, 11)
>>> print re.match('this', 'this is the one').span()
(0, 4)
>>> print re.match('the', 'this is the one').span()
Traceback (most recent call last):
  File "<stdin>", line 1, in <module>
AttributeError: 'NoneType' object has no attribute
'span'
```

A.2.3　使用 findall() 方法匹配字符类

清单 A.5 的 Python 脚本 RegEx1.py 说明了如何定义与各种文本字符串匹配的简单字符类。

清单 A.5　RegEx1.py

```
import re

str1 = "123456"
matches1 = re.findall("(\d+)", str1)
print 'matches1:',matches1

str1 = "123456"
matches1 = re.findall("(\d\d\d)", str1)
print 'matches1:',matches1

str1 = "123456"
matches1 = re.findall("(\d\d)", str1)
print 'matches1:',matches1
print
str2 = "1a2b3c456"
matches2 = re.findall("(\d)", str2)
print 'matches2:',matches2

print
str2 = "1a2b3c456"
matches2 = re.findall("\d", str2)
print 'matches2:',matches2

print
str3 = "1a2b3c456"
matches3 = re.findall("(\w)", str3)
print 'matches3:',matches3
```

清单 A.5 包含简单的正则表达式（你已经在前面看到过），用于匹配变量 `str1` 和 `str2` 中的数字。清单 A.5 的最后一个代码块匹配字符串 `str3` 中的每个字符，有效地将 `str3`“分割”为一个列表，其中每个元素由一个字符组成。清单 A.5 的输出结果如下（请注意前三行输出结果后面的空白行）：

```
matches1: ['123456']
matches1: ['123', '456']
matches1: ['12', '34', '56']

matches2: ['1', '2', '3', '4', '5', '6']

matches2: ['1', '2', '3', '4', '5', '6']

matches3: ['1', 'a', '2', 'b', '3', 'c', '4', '5', '6']
```

查找字符串中的大写单词

清单 A.6 的 Python 脚本 `FindCapitalized.py` 说明了如何定义与各种文本字符串匹配的简单字符类。

清单 A.6　FindCapitalized.py

```
import re

str = "This Sentence contains Capitalized words"
caps = re.findall(r'[A-Z][\w\.-]+', str)

print 'str: ',str
print 'caps:',caps
```

清单 A.6 初始化字符串变量 str 和 RE 对象 caps，用来匹配所有以大写字母开头的单词。这是由于 caps 的第一部分是模式 [A-Z]，即匹配 A 到 Z 之间（包括 A 和 Z）的任何大写字母。

清单 A.6 的输出结果如下：

```
str:  This Sentence contains Capitalized words
caps: ['This', 'Sentence', 'Capitalized']
```

A.2.4　正则表达式的额外匹配功能

在调用方法 match()、search()、findall() 或 finditer() 中的任何一种之后，你可以在"匹配对象"的基础上调用其他方法。使用 match() 方法实现该功能的示例如下：

```
import re

p1 = re.compile('[a-z]+')
m1 = p1.match("hello")
```

在前面的代码块中，p1 对象表示一个或多个小写字母的已编译的正则表达式，"匹配对象" m1 支持以下方法：

- group() 返回 RE 匹配的字符串
- start() 返回匹配的开始位置
- end() 返回匹配的结束位置
- span() 返回一个元组，其中包含匹配的（开始，结束）位置

为做进一步说明，清单 A.7 的 SearchFunction1.py 说明了如何使用 search() 方法和 group() 方法。

清单 A.7　SearchFunction1.py

```
import re

line = "Giraffes are taller than elephants";

searchObj = re.search( r'(.*) are(\.*)', line,
re.M|re.I)

if searchObj:
   print "searchObj.group()  : ", searchObj.group()
   print "searchObj.group(1) : ", searchObj.group(1)
   print "searchObj.group(2) : ", searchObj.group(2)
else:
   print "searchObj does not match line:", line
```

清单 A.7 包含代表文本字符串的变量 line，以及包含了一个 search() 方法和一对以竖线分隔的标识符的 RE 变量 searchObj（将在下一节中详细讨论）。如果 searchObj 不为 null，则清单 A.7 中的 if/else 条件代码在与变量 line 内容成功匹配后，返回三个组的内容。清单 A.7 的输出结果如下：

```
searchObj.group()   :  Giraffes are
searchObj.group(1)  :  Giraffes
searchObj.group(2)  :
```

A.2.5 使用正则表达式中的字符类分组

除了前面的字符类之外，还可以指定字符类的子表达式。

清单A.8的Grouping1.py说明了如何使用search()方法。

清单A.8 Grouping1.py

```
import re

p1 = re.compile('(ab)*')
print 'match1:',p1.match('ababababab').group()
print 'span1: ',p1.match('ababababab').span()

p2 = re.compile('(a)b')
m2 = p2.match('ab')
print 'match2:',m2.group(0)
print 'match3:',m2.group(1)
```

清单A.8的开头定义了RE对象p1，与字符串ab进行零次或多次匹配。第一个print语句返回使用p1的match()函数（后跟group()函数）作用在字符串上的结果。这体现了“链接方法”，消除了对中间对象的需求（如第二个代码块所示）。第二个print语句返回使用p1的match()函数，然后对字符串应用span()函数。这个例子的结果是一个数字范围（请参见以下输出结果）。

清单A.8的第二部分定义了RE对象p2，匹配可选字母和后跟的字母b。变量m2使用字符串ab调用p2的match方法。第三个print语句显示在m2中调用group(0)的结果，第四个print语句显示在m2方法中group(1)的结果。这两个结果都是输入字符串ab的子字符串。回想一下，group(0)返回最高级别的匹配，group(1)返回更加“特指”的匹配，例如p2中定义了有关括号的匹配。表达式group(n)中的整数值越高，匹配越具体。

清单A.8的输出结果如下：

```
match1: ababababab
span1:  (0, 10)
match2: ab
match3: a
```

A.2.6 在正则表达式中使用字符类

本节包含一些示例，说明了如何使用字符类来匹配各种字符串，以及如何使用分隔符来分割文本字符串。例如，一个常见的日期字符串涉及MM/DD/YY的日期格式。另一个常见方法使用含有分隔符的记录，将多个字段分开。通常此类记录包含一个分隔符，但是你将会了解到，Python使用多个分隔符使得分割记录变得非常容易。

1. 匹配多个连续数字的字符串

清单 A.9 的 Python 脚本 MatchPatterns1.py 说明了如何定义简单的正则表达式，以便根据一个或多个连续数字来分割文本字符串的内容。

尽管正则表达式 \d+/\d+/\d+ 和 \d\d/\d\d/\d\d\d\d 都匹配字符串 08/13/2014，但是第一个正则表达式比第二个正则表达式匹配了更多模式，第二个正则表达式与允许的匹配位数“完全匹配”(即指定了匹配位数)。

清单 A.9　MatchPatterns1.py

```
import re

date1 = '02/28/2013'
date2 = 'February 28, 2013'

# Simple matching: \d+ means match one or more digits
if re.match(r'\d+/\d+/\d+', date1):
  print('date1 matches this pattern')
else:
  print('date1 does not match this pattern')

if re.match(r'\d+/\d+/\d+', date2):
  print('date2 matches this pattern')
else:
  print('date2 does not match this pattern')
```

清单 A.9 的输出如下：

```
date1 matches this pattern
date2 does not match this pattern
```

2. 反转字符串中的单词

清单 A.10 的 Python 脚本 ReverseWords1.py 说明了如何反转字符串中的一对单词。

清单 A.10　ReverseWords1.py

```
import re

str1 = 'one two'
match = re.search('([\w.-]+) ([\w.-]+)', str1)
str2 = match.group(2) + ' ' + match.group(1)
print 'str1:',str1
print 'str2:',str2
```

清单 A.10 的输出结果如下：

```
str1: one two
str2: two one
```

现在你已了解了如何为数字和字母定义正则表达式，现在看一些更复杂的正则表达式。

例如，以下表达式匹配的字符串是数字、大写字母或小写字母（即无特殊字符）的任意组合：

```
^[a-zA-Z0-9]$
```

使用字符类重写的相同表达式如下：

```
^[\w\W\d]$
```

A.3　使用 re 模块修改文本字符串

Python 的 re 模块包含几种修改字符串的方法。split() 方法使用正则表达式将字符串“分割”为列表。sub() 方法查找正则表达式匹配的所有子字符串，然后将它们替换为其他字符串。subn() 执行与 sub() 相同的功能，但它同时还返回新字符串和替换次数。下面几小节包含一些示例，说明了如何在正则表达式中使用 split()、sub() 和 subn()。

A.3.1　使用 re.split() 方法分割文本字符串

清单 A.11 的 Python 脚本 RegEx2.py 说明了如何定义简单的正则表达式，以分割文本字符串的内容。

清单 A.11　RegEx2.py

```
import re

line1 = "abc def"
result1 = re.split(r'[\s]', line1)
print 'result1:',result1

line2 = "abc1,abc2:abc3;abc4"
result2 = re.split(r'[,:;]', line2)
print 'result2:',result2

line3 = "abc1,abc2:abc3;abc4 123 456"
result3 = re.split(r'[,:;\s]', line3)
print 'result3:',result3
```

清单 A.11 包含三个代码块，每个代码块在 re 模块中使用 split() 方法来标记三个不同的字符串。第一个正则表达式指定一个空白符，第二个正则表达式指定三个标点符号，第三个正则表达式指定前两个正则表达式的组合。

RegEx2.py 的输出如下：

```
result1: ['abc', 'def']
result2: ['abc1', 'abc2', 'abc3', 'abc4']
result3: ['abc1', 'abc2', 'abc3', 'abc4', '123', '456']
```

使用数字和分隔符分割文本字符串

清单 A.12 的 SplitCharClass1.py 说明了如何用字符类、“.”字符和空白符组成的正则表达式分割两个文本字符串内容。

清单 A.12 SplitCharClass1.py

```
import re

line1 = '1. Section one 2. Section two 3. Section three'
line2 = '11. Section eleven 12. Section twelve 13.
Section thirteen'

print re.split(r'\d+\. ', line1)
print re.split(r'\d+\. ', line2)
```

清单 A.12 包含两个文本字符串，可以用相同的正则表达式 `'\d+\.'` 进行分割。请注意，如果使用表达式 `'\d\.'` 只有第一个文本字符串会被正确分割。清单 A.12 的输出结果如下：

```
['', 'Section one ', 'Section two ', 'Section three']
['', 'Section eleven ', 'Section twelve ', 'Section
thirteen']
```

A.3.2 使用 re.sub() 方法替换文本字符串

在前面简要介绍了使用 `sub()` 方法删除文本字符串中的所有元字符。下面的代码块说明了如何使用 `re.sub()` 方法替换文本字符串中的字母字符。

```
>>> import re
>>> p = re.compile( '(one|two|three)')
>>> p.sub( 'some', 'one book two books three books')
'some book some books some books'
>>>
>>> p.sub( 'some', 'one book two books three books',
count=1)
'some book two books three books'
```

以下代码块使用 `re.sub()` 方法，以便在文本字符串中的每个字母字符后插入换行符：

```
>>> line = 'abcde'
>>> line2 = re.sub('', '\n', line)
>>> print 'line2:',line2
line2:
a
b
c
d
e
```

A.3.3 匹配文本字符串的开头和结尾

清单 A.13 的 Python 脚本 `RegEx3.py`，说明了如何使用 `startswith()` 函数和 `endswith()` 函数查找子字符串。

清单 A.13 RegEx3.py

```
import re

line2 = "abc1,Abc2:def3;Def4"
```

```
result2 = re.split(r'[,:;]', line2)

for w in result2:
  if(w.startswith('Abc')):
    print 'Word starts with Abc:',w
  elif(w.endswith('4')):
    print 'Word ends with 4:',w
  else:
    print 'Word:',w
```

清单 A.13 首先初始化字符串 `line2`（使用标点符号作为单词分隔符），然后 RE 的 `result2` 将 `split()` 函数与逗号、冒号和分号一起用作“分割定界符”，对字符串变量 `line2` 进行分词化处理。

清单 A.13 的输出结果如下：

```
Word: abc1
Word starts with Abc: Abc2
Word: def3
Word ends with 4: Def4
```

清单 A.14 的 Python 脚本 `MatchLines1.py` 说明了如何使用字符类查找子字符串。

清单 A.14　MatchLines1.py

```
import re

line1 = "abcdef"
line2 = "123,abc1,abc2,abc3"
line3 = "abc1,abc2,123,456f"

if re.match("^[A-Za-z]*$", line1):
  print 'line1 contains only letters:',line1

# better than the preceding snippet:
line1[:-1].isalpha()
  print 'line1 contains only letters:',line1

if re.match("^[\w]*$", line1):
  print 'line1 contains only letters:',line1

if re.match(r"^[^\W\d_]+$", line1, re.LOCALE):
  print 'line1 contains only letters:',line1
print

if re.match("^[0-9][0-9][0-9]", line2):
  print 'line2 starts with 3 digits:',line2

if re.match("^\d\d\d", line2):
  print 'line2 starts with 3 digits:',line2
print

# does not work: fixme
if re.match("[0-9][0-9][0-9][a-z]$", line3):
  print 'line3 ends with 3 digits and 1 char:',line3

# does not work: fixme
if re.match("[a-z]$", line3):
print 'line3 ends with 1 char:',line3
```

清单 A.14 首先初始化 3 个字符串变量 `line1`、`line2` 和 `line3`。第一个 RE 对象包含一个表达式，该表达式匹配包含大写或小写字母（或两者兼有）的任意行：

```
if re.match("^[A-Za-z]*$", line1):
```

之后的两个代码片段也检查相同的内容：

```
line1[:-1].isalpha()
```

此代码段从字符串的最右边开始，检查每个字符是否为字母。

下一段代码检查 `line1` 是否可以被分词化为单词（一个单词仅包含字母字符）：

```
if re.match("^[\w]*$", line1):
```

清单 A.14 的下一部分检查字符串是否包含三个连续的数字：

```
if re.match("^[0-9][0-9][0-9]", line2):
  print 'line2 starts with 3 digits:',line2
if re.match("^\d\d\d", line2):
```

第一段代码使用模式 `[0-9]` 来匹配数字，第二段代码使用表达式 `\d` 来匹配数字。

清单 A.14 的输出如下：

```
line1 contains only letters: abcdef
line1 contains only letters: abcdef
line1 contains only letters: abcdef
line1 contains only letters: abcdef
line2 starts with 3 digits: 123,abc1,abc2,abc3
line2 starts with 3 digits: 123,abc1,abc2,abc3
```

A.3.4 编译标识

编译标识会修改正则表达式的工作方式。`re` 模块中的标识可以是长名称（例如 `IGNORECASE`），或简短的单字母形式（例如 `I`）。第二种简短形式与 Perl 模式修饰符中的标识相同。你可以使用“|”指定多个标识符。例如，`re.I|re.M` 分别设置 `I` 和 `M` 标识。

你可以上网阅读 Python 文档查看所有可用的编译标识。

A.3.5 复合正则表达式

清单 A.15 的 `MatchMixedCase1.py` 说明了如何在同一个 `match()` 函数中使用管道（“|”）标识符指定两个正则表达式。

清单 A.15 MatchMixedCase1.py

```
import re
line1 = "This is a line"
line2 = "That is a line"
if re.match("^[Tt]his", line1):
  print 'line1 starts with This or this:'
```

```
  print line1
else:
  print 'no match'

if re.match("^This|That", line2):
  print 'line2 starts with This or That:'
  print line2
else:
  print 'no match'
```

清单 A.15 从两个字符串变量 `line1` 和 `line2` 开始，随后是一个 if/else 条件代码块，用来检查 `line1` 是否以 RE `[Tt]his` 开头，匹配字符串 `This` 和字符串 `this`。

第二个条件代码块检查 `line2` 是否以字符串 `This` 或 `That` 开头。注意“^”元字符在此文本中的作用是将 RE 锚定到字符串的开头。清单 A.15 的输出结果如下：

```
line1 starts with This or this:
This is a line
line2 starts with This or That:
That is a line
```

A.3.6　按字符串中的字符类型计数

你可以使用正则表达式来检查字符是数字、字母还是其他类型的字符。清单 A.16 的 `CountDigitsAndChars.py` 可实现此任务。

清单 A.16　CountDigitsAndChars.py

```
import re

charCount  = 0
digitCount = 0
otherCount = 0

line1 = "A line with numbers: 12 345"

for ch in line1:
   if(re.match(r'\d', ch)):
     digitCount = digitCount + 1
   elif(re.match(r'\w', ch)):
     charCount = charCount + 1
   else:
     otherCount = otherCount + 1

print 'charcount:',charCount
print 'digitcount:',digitCount
print 'othercount:',otherCount
```

清单 A.16 初始化了三个与计数器相关的数字变量，后跟字符串变量 `line1`。下一部分代码包含一个 `for` 循环，用来处理字符串 `line1` 中的每个字符。`for` 循环的主体包含一个条件代码块，检查当前字符是否是数字、字母或某些其他非字母数字字符。每次匹配成功时，相应的“计数器”变量都会增加。

清单 A.16 的输出结果如下：

```
charcount: 16
digitcount: 5
othercount: 6
```

A.3.7　正则表达式和分组

你还可以将子表达式“分组”，甚至可以象征性地引用它们。例如，以下表达式可匹配出现0次或1次的三个连续字母或数字：

```
^([a-zA-Z0-9]{3,3})?
```

以下表达式与美国的电话号码格式（例如650-555-1212）相匹配：

```
^\d{3,3}[-]\d{3,3}[-]\d{4,4}
```

以下表达式与美国的邮政编码格式（例如67827或94343-04005）相匹配：

```
^\d{5,5}([-]\d{5,5})?
```

以下代码块匹配电子邮箱格式：

```
str = 'john.doe@google.com'
  match = re.search(r'\w+@\w+', str)
  if match:
    print match.group()  ## 'doe@google'
```

练习：利用上面的代码块作为基础，为电子邮箱格式定义一个正则表达式。

A.3.8　简单字符串匹配

清单A.17的Python脚本RegEx4.py说明了如何定义与各种文本字符串匹配的正则表达式。

清单A.17　RegEx4.py

```
import re

searchString = "Testing pattern matches"

expr1 = re.compile( r"Test" )
expr2 = re.compile( r"^Test" )
expr3 = re.compile( r"Test$" )
expr4 = re.compile( r"\b\w*es\b" )
expr5 = re.compile( r"t[aeiou]", re.I )

if expr1.search( searchString ):
   print '"Test" was found.'

if expr2.match( searchString ):
   print '"Test" was found at the beginning of the
line.'

if expr3.match( searchString ):
   print '"Test" was found at the end of the line.'

result = expr4.findall( searchString )
```

```
if result:
   print 'There are %d words(s) ending in "es":' % \
      ( len( result ) ),

   for item in result:
      print " " + item,

print

result = expr5.findall( searchString )
if result:
   print 'The letter t, followed by a vowel, occurs %d
times:' % \
      ( len( result ) ),

   for item in result:
      print " "+item,

print
```

清单 A.17 首先指定一个文本字符串变量 searchString，后跟 RE 对象 expr1、expr2、expr3、expr4、expr5。expr1 匹配出现在 searchString 中任一位置的 Test；expr2 匹配出现在 searchString 开头的 Test；expr3 匹配出现在 searchString 结尾的 Test；expr4 匹配以字母 es 结尾的单词；expr5 匹配后跟元音的字母 t。

清单 A.17 的输出结果如下：

```
"Test" was found.
"Test" was found at the beginning of the line.
There are 1 words(s) ending in "es":  matches
The letter t, followed by a vowel, occurs 3 times:
Te ti te
```

除了本附录中基于 Python 的搜索 / 替换功能之外，还可以执行贪心搜索和替换。你可以在网上搜索了解这些特性，并学习如何在 Python 代码中使用它们。

A.4 小结

本附录展示了如何创建各种类型的正则表达式。首先，你学习了如何用一系列数字、小写字母和大写字母定义初级的正则表达式。接下来，你学习了如何使用字符类定义正则表达式，可以更方便简单地实现相同功能。你还学习了如何使用 Python re 库来编译正则表达式，并检查它们是否匹配文本字符串的子字符串。

A.5 练习题

练习 1：给定一个文本字符串，找到以元音开头或结尾的单词列表（如果有），并将大写和小写的元音视为不同的字母。以字母顺序显示该单词列表，并根据其出现频率降序显示。

练习 2：给定一个文本字符串，查找一个列表（如果有），其中包含小写元音字母或数字（或两者兼有）但不能包含大写字母。以字母顺序显示该单词列表，并根据其出现频率降序显示。

练习 3：英语中的一个拼写规则规定“字母 i 需在 e 之前，除非 i 在 c 之后”，这意味着“receive”是正确的，但“recieve”是不正确的。编写一个 Python 脚本，检查文本字符串中拼写错误的单词。

练习 4：英语中主语代词不能在介词之后。所以，“between you and me”和“for you and me”都是正确的，而“between you and I”和“for you and I”是不正确的。编写一个 Python 脚本来检查文本字符串中的语法是否正确，并搜索介词“between”“for”和“with”。另外，搜索主语代词“I”“you”“he”和“she”。修改并显示正确使用语法的文本。

练习 5：找到文本字符串中单词长度最大为 4 的单词，然后打印这些字符的所有子字符串。例如，如果文本字符串包含单词“text”，则打印字符串“t”“te”“tex”和“text”。

APPENDIX B

附录 B

Keras 介绍

本附录向你介绍 Keras，以及通过一些代码示例展示如何在 MNIST 和 cifar10 等各种数据集上定义基本神经网络和深度神经网络。

B.1 节简要讨论一些重要的命名空间（例如 tf.keras.layers）及其内容，以及一个简单的基于 Keras 的模型。

B.2 节包含一个通过 Keras 和一个简单 CSV 文件来进行线性回归的示例。你也会看到基于 Keras 在 MNIST 数据集上训练 MLP 神经网络的示例。

B.3 节包含一个在 cifar10 数据集上训练神经网络的简单示例。这个代码示例同在 MNIST 数据集上训练神经网络非常相近，只需要修改非常小量的代码。

B.4 节包含两个基于 Keras 的模型执行“早停”的例子，它在模型训练过程中出现最低性能提升（你可以指定）时非常方便。

B.1 什么是 Keras

如果你已经熟悉了 Keras，那么你可以快速浏览本节了解新的命名空间及其包含的内容，B.1.2 节中包含创建基于 Keras 的模型的细节。

如果你刚接触到 Keras，你可能会好奇为什么在附录中包含这部分内容。首先，Keras 被很好地集成进了 TF 2 中，位于 tf.keras 的命名空间。其次，Keras 适合用来定义模型解决大量的任务，例如线性回归和逻辑回归，以及在附录中讨论的 CNN、RNN、LSTM 等深度学习任务。

下面将介绍一些重要的 Keras 命名空间，如果你使用过 TF 1.x，你会非常熟悉它们。如果你刚接触 TF 2，你将在后续的代码示例中看到一些类的示例。

B.1.1　Keras 命名空间

1. 在 TF 2 中使用 Keras 命名空间

TF 2 提供了 tf.keras 命名空间，它依次包含如下命名空间：

- tf.keras.layers
- tf.keras.models
- tf.keras.optimizers
- tf.keras.utils
- tf.keras.regularizers

前面的命名空间分别包含 Keras 模型中的各个层、不同类型的 Keras 模型、优化器(Adam 等)、实用程序类和正则项(如 L1 和 L2)。

目前有三种方法创建基于 Keras 的模型：

- Sequential API
- Functional API
- Model API

本书中基于 Keras 的代码示例主要使用顺序模型 API（Sequential API，这是最直观的）。Sequential API 允许你指定一个层的列表，其中的大部分在 tf.keras.layers 命名空间（稍后讨论）中可用。

使用函数式 API（Functional API）的基于 Keras 的模型指定以类似管道的方式作为函数式的元素传递的层。尽管 Functional API 提供了一些额外的灵活性，但是如果你是 TF 2 的初学者，你可能会倾向于使用 Sequential API 来定义基于 Keras 的模型。

基于模型的 API（Model API）提供了最大的灵活性，它涉及定义一个封装 Keras 模型语义的 Python 类。这个类是 tf.model.Model 的子类，并且你必须实现 _init_ 和 call 这两个方法，以此在子类中定义一个 Keras 模型。

进行一些网上搜索，你可以了解更多关于 Functional API 和 Model API 的细节。

2. 使用 tf.keras.layers 命名空间

最常见（也最简单）的基于 Keras 的模型是位于 tf.keras.models 命名空间的 Sequential() 类。模型由各个层构成，它们位于 tf.keras.layers 命名空间中，如下所示：

- tf.keras.layers.Conv2D()
- tf.keras.layers.MaxPooling2D()
- tf.keras.layers.Flatten()
- tf.keras.layers.Dense()
- tf.keras.layers.Dropout()
- tf.keras.layers.BatchNormalization()
- tf.keras.layers.embedding()
- tf.keras.layers.RNN()
- tf.keras.layers.LSTM()
- tf.keras.layers.Bidirectional （如 BERT）

Conv2D() 和 MaxPooling2D() 用于基于 Keras 的 CNN 模型，它的内容在第 5 章

讨论。一般来说，`MaxPooling2D()` 之后的六个类可以出现在 CNN 模型中，也可以出现在机器学习的模型中。`RNN()` 类用于简单的循环神经网络模型，LSTM 类用于长短期记忆模型。`Bidirectional()` 类是双向 LSTM，你将经常在解决自然语言处理 (NLP) 任务的模型中看到它。2018 年，两个非常重要的使用双向 LSTM 的 NLP 框架开源发布 (在 GitHub 上)：Facebook 的 ELMo 和谷歌的 BERT。

3. 使用 `tf.keras.activations` 命名空间

机器学习和深度学习模型需要使用到激活函数。在基于 Keras 的模型中，激活函数位于 `tf.keras.activations` 命名空间中，其中一些如下列表：

- `tf.keras.activations.relu`
- `tf.keras.activations.selu`
- `tf.keras.activations.linear`
- `tf.keras.activations.elu`
- `tf.keras.activations.sigmoid`
- `tf.keras.activations.softmax`
- `tf.keras.activations.softplus`
- `tf.keras.activations.tanh`
- 其他……

ReLU/SELU/ELU 几个函数关系密切，它们经常出现在人工神经网络（ANN）和 CNN 中。在 `relu()` 函数流行之前 `sigmoid()` 和 `tanh()` 函数经常在 ANN 和 CNN 中使用，然而它们依然非常重要，并且应用在门控循环单元 (GRU) 和 LSTM 中。`softmax()` 函数通常应用在最右边的隐藏层和输出层之间。

4. 使用 `keras.tf.datasets` 命名空间

为了便于使用，TF 2 提供了一系列内置的数据集，它们位于 `keras.tf.datasets` 命名空间中，其中的一些如下列表：

- `tf.keras.datasets.boston_housing`
- `tf.keras.datasets.cifar10`
- `tf.keras.datasets.cifar100`
- `tf.keras.datasets.fashion_mnist`
- `tf.keras.datasets.imdb`
- `tf.keras.datasets.mnist`
- `tf.keras.datasets.reuters`

上述数据集在训练小数据量模型时非常流行。其中 `mnist` 数据集和 `fashion_mnist` 数据集在训练 CNN 模型时流行，而 `boston_housing` 数据集在线性回归中流行。`Titanic` 数据集在线性回归中也很流行，但是目前 `keras.tf.datasets` 并未支持其作为默认数据集。

5. 使用 `tf.keras.experimental` 命名空间

TF 1.x 中的 `contrib` 命名空间已经在 TF 2 中废弃，它的“继任者”是 `tf.keras.`

experimental，它包含以下类（以及其他类）：

- tf.keras.experimental.CosineDecay
- tf.keras.experimental.CosineDecayRestarts
- tf.keras.experimental.LinearCosineDecay
- tf.keras.experimental.NoisyLinearCosineDecay
- tf.keras.experimental.PeepholeLSTMCell

如果你是初学者，你可能不会用到上述列表中的类。尽管 PeepholeLSTMCell 类是 LSTM 类的变体，但是此类的应用依然有限。

6. 使用 tf.keras 的其他命名空间

TF 2 提供了许多包含有用类的命名空间，这里列出一些：

- tf.keras.callbacks　（早停）
- tf.keras.optimizers　（Adam 等）
- tf.keras.regularizers　（L1 和 L2）
- tf.keras.utils　（to_categorical）

tf.keras.callbacks 命名空间中包含一个可以用于“早停”的类，它的意思是在连续两个迭代之间的代价函数值没有明显下降的时候结束训练过程。

tf.keras.optimizers 命名空间包含可以与代价函数一起工作的各种优化器，其中就包含流行的 Adam 优化器。

tf.keras.regularizers 命名空间包含两个流行的正则项：L1 正则化（机器学习中也叫作 LASSO 正则化）和 L2 正则化（机器学习中也叫作 Ridge 正则化）。L1 用于平均绝对误差（MAE），L2 用于平均平方误差（MSE）。两种正则化都作为“惩罚”项加入所选定的代价函数中，以此来降低特征对机器学习模型的“影响”。值得注意的是 LASSO 可以使参数值为 0，其结果是特征实际上从模型中被消除，因此它与机器学习中的特征选择有关。

tf.keras.util 命名空间包含各种各样的函数，包括 to_categorical() 函数，用于将类别向量转化为二进制类型。

尽管 TF 2 中还有其他命名空间，但如果你是 TF 2 和机器学习的初学者，上述所有子节中列出的类可能足以满足你的大部分任务。

7. TF 2 Keras 与“独立”的 Keras

最初的 Keras 是一个规范，它有很多“后端”，例如 TensorFlow、Theano、CNTK。目前的独立 Keras 不支持 TF 2，而 tf.keras 中的 Keras 实现在性能上做了优化。

独立 Keras 在 keras.io 包中永久存在，它的细节在 Keras 网站 keras.io 中讨论。

现在你已经大致了解了 TF 2 Keras 的命名空间及其包含的类，让我们看看如何创建基于 Keras 的模型，这是 B.1.2 节的主题。

B.1.2　创建基于 Keras 的模型

下面的步骤列表描述了创建、训练和测试 Keras 模型所涉及的高阶步骤：

- 步骤 1：确定一个模型结构（隐藏层数量、各种激活函数等）。
- 步骤 2：调用 `compile()` 方法。
- 步骤 3：调用 `fit()` 方法训练模型。
- 步骤 4：调用 `evaluate()` 方法评估训练出的模型。
- 步骤 5：调用 `predict()` 方法进行预测。
- 步骤 1 中涉及一些超参数值的确定，包括：
- 隐藏层数量
- 每个隐藏层中神经元的数量
- 边的初始权重值
- 代价函数
- 优化器
- 学习率
- dropout 比例
- 激活函数

步骤 2 到步骤 4 涉及训练数据，而步骤 5 涉及测试数据，这些数据包含在比前面列表更详细的（以下）步骤序列中：

- 指定数据集（如有需要将数据转化为数值数据）
- 将数据集分割为训练数据和测试数据（通常按 80/20 分割）
- 定义 Keras 模型（例如 `tf.keras.models.Sequential()` API）
- 编译 Keras 模型（`compile()` API）
- 训练 Keras 模型（`fit()` API）
- 进行预测（`prediction()` API）

注意前面的条目跳过了一些实际的 Keras 建模步骤，比如在测试数据上评估 Keras 模型，以及处理过拟合等问题。

首先你需要一个数据集，它可以像简单的 CSV 文件一样具有 100 行数据和 3 列（甚至更小）。通常，数据集要大得多，它可以是一个包含 1 000 000 行数据和每行 10 000 列的文件。我们将在后面小节中查看具体的数据集。

接下来，Keras 模型位于 `tf.keras.models` 命名空间中，最简单（也最常见）的 Keras 模型是 `tf.keras.models.Sequential`。通常，Keras 模型包含的层位于 `tf.keras.layers` 命名空间，例如 `tf.keras.Dense`（它表示两个相邻层全连接）。

在 Keras 的层中涉及激活函数，它位于 `tf.nn` 命名空间，例如 `tf.nn.ReLU` 代表 ReLU 激活函数。

下面是上述段落中描述的 Keras 模型的一段代码（包含前面四个要点）：

```
import tensorflow as t
model = tf.keras.models.Sequential([
  tf.keras.layers.Dense(512, activation=tf.nn.relu),
])
```

我们还有三个需要讨论的子项目，从编译环节开始，Keras 提供了 compile() API，示例如下：

```
model.compile(optimizer='adam',
              loss='sparse_categorical_crossentropy',
              metrics=['accuracy'])
```

接下来我们需要指定训练步骤，Keras 提供了 fit() API（如你所见，它不叫 train()），示例如下：

```
model.fit(x_train, y_train, epochs=5
```

最后一步是进行预测，它通过 predict() API 来执行，示例如下：

```
pred = model.predict(x)
```

记住，evaluate() 方法用于评估一个训练好的模型，它的输出是准确率或损失。另一方面，predict() 方法根据输入数据进行预测。

清单 B.1 的 tf2_basic_keras.py 展示了将上述几个步骤合并到一起的代码示例。

清单 B.1 tf2_basic_keras.py

```
import tensorflow as tf
# NOTE: we need the train data and test data
model = tf.keras.models.Sequential([
  tf.keras.layers.Dense(1, activation=tf.nn.relu),
])
model.compile(optimizer='adam',
              loss='sparse_categorical_crossentropy',
              metrics=['accuracy'])
model.fit(x_train, y_train, epochs=5
model.evaluate(x_test, y_test)
```

清单 B.1 中没有新代码，而且我们忽略了一些项，比如优化器（与代码函数一起使用的算法）、损失（代码函数的类型）和度量（如何评估模型的效果）。

这些细节无法用几段话解释清楚，但好消息是你可以找到大量详细讨论这些术语的在线博客文章。

B.2 Keras 和线性回归

本节包含一个简单的例子，通过创建一个基于 Keras 的模型解决一个线性回归任务：给定一个正数代表意大利面的重量，预测其价格。清单 B.2 是 pasta.csv 文件的内容，清单 B.3 的 keras_pasta.py 中的内容执行此任务。

清单 B.2　pasta.csv

```
weight,price
5,30
10,45
15,70
20,80
25,105
30,120
35,130
40,140
50,150
```

清单 B.3　keras_pasta.py

```
import tensorflow as tf
import numpy as np
import pandas as pd
import matplotlib.pyplot as plt

# price of pasta per kilogram
df = pd.read_csv("pasta.csv")

weight = df['weight']
price  = df['price']

model = tf.keras.models.Sequential([
   tf.keras.layers.Dense(units=1,input_shape=[1])
])

# MSE loss function and Adam optimizer
model.compile(loss='mean_squared_error',
              optimizer=tf.keras.optimizers.Adam(0.1))

# train the model
history = model.fit(weight, price, epochs=100,
verbose=False)

# graph the # of epochs versus the loss
plt.xlabel('Number of Epochs')
plt.ylabel("Loss Values")
plt.plot(history.history['loss'])
plt.show()

print("Cost for 11kg:",model.predict([11.0]))
print("Cost for 45kg:",model.predict([45.0]))
```

清单 B.3 的代码先通过 pasta.csv 文件内容初始化 Pandas DataFrame 变量 df，并分别用其第一列和第二列初始化变量 weight 和 cost。

接下来的部分定义了一个基于 Keras 的模型，其中包含一个全连接层。模型被编译和训练，并通过一张图展示，它的横轴是 epoch 的数量，纵轴是损失。运行清单 B.3 的代码你将得到如下输出：

```
Cost for 11kg: [[41.727108]]
Cost for 45kg: [[159.02121]]
```

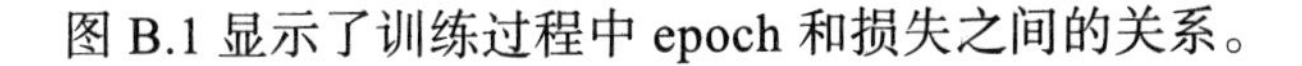
图 B.1 显示了训练过程中 epoch 和损失之间的关系。

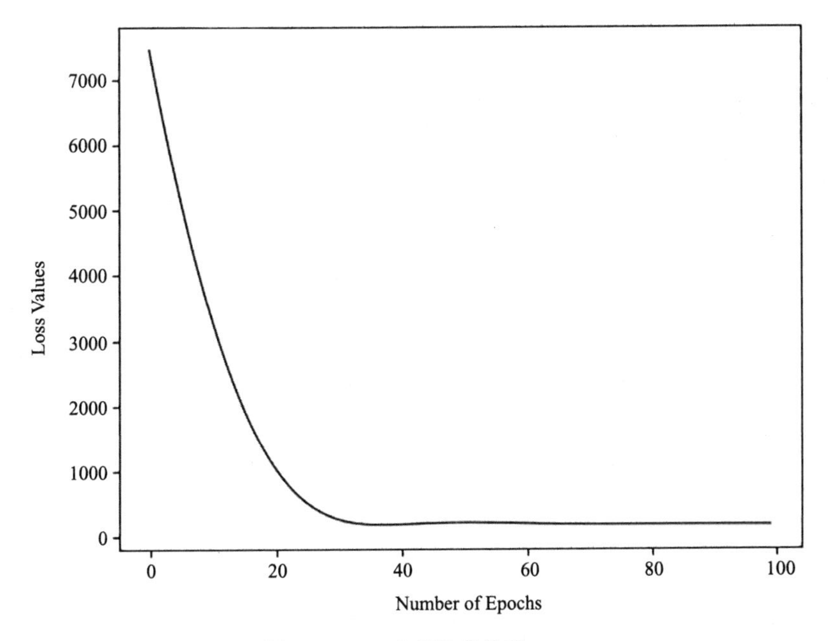

图B.1　epoch和损失的关系

Keras、MLP 和 MNIST

本节包含一个简单示例，在 MNIST 数据集上训练一个基于 `Keras` 的 MLP 神经网络。清单 B.4 的 `keras_mlp_mnist.py` 内容展示了如何执行此任务。

清单 B.4　keras_mlp_mnist.py

```
import tensorflow as tf
import numpy as np

# instantiate mnist and load data:

mnist = tf.keras.datasets.mnist
(x_train, y_train), (x_test, y_test) = mnist.load_data()

# one-hot encoding for all labels to create 1x10
# vectors that are compared with the final layer:
y_train = tf.keras.utils.to_categorical(y_train)
y_test  = tf.keras.utils.to_categorical(y_test)

# resize and normalize the 28x28 images:
x_train = np.reshape(x_train, [-1, input_size])
x_train = x_train.astype('float32') / 25
x_test  = np.reshape(x_test, [-1, input_size])
x_test  = x_test.astype('float32') / 25

# initialize some hyper-parameters:
batch_size = 128
hidden_units = 218
```

```
dropout_rate = 0.3

# define a Keras based model:
model = tf.keras.models.Sequential()
model.add(tf.keras.layers.Dense(hidden_units, input_
dim=input_size))
model.add(tf.keras.layers.Activation('relu'))
model.add(tf.keras.layers.Dropout(dropout_rate))
model.add(tf.keras.layers.Dense(hidden_units))
model.add(tf.keras.layers.Activation('relu'))
model.add(tf.keras.layers.Dense(10))
model.add(tf.keras.layers.Activation('softmax'))

model.summary()

model.compile(loss='categorical_crossentropy',
              optimizer='adam',
              metrics=['accuracy'])

# train the network on the training data:
model.fit(x_train, y_train, epochs=10, batch_size=batch
size)

# calculate and then display the accuracy:
loss, acc = model.evaluate(x_test, y_test, batch_
size=batch_size)
print("\nTest accuracy: %.1f%%" % (100.0 * acc))
```

清单 B.4 包含一些常用的 import 语句，并通过 MNIST 数据集初始化 mnist 变量。接下来的部分通过一些典型代码填充训练集和测试集，并通过“one-hot”编码技术将标签转化为数值。

接下来初始化几个超参数，定义一个基于 Keras 的模型并指定三个全连接层和 ReLU 激活函数。模型被编译和训练，并计算和展示在测试集上的准确率。运行清单 B.4 的代码你将看到如下输出：

```
Model: "sequential"
_________________________________________________________
Layer (type)                 Output Shape         Param #
=========================================================
dense (Dense)                (None, 256)          200960
_________________________________________________________
activation (Activation)      (None, 256)          0
_________________________________________________________
dropout (Dropout)            (None, 256)          0
_________________________________________________________
dense_1 (Dense)              (None, 256)          65792
_________________________________________________________
activation_1 (Activation)    (None, 256)          0
_________________________________________________________
dense_2 (Dense)              (None, 10)           2570
_________________________________________________________
activation_2 (Activation)    (None, 10)           0
=========================================================
Total params: 269,322
Trainable params: 269,322
Non-trainable params: 0
```

```
Train on 60000 samples
Epoch 1/10
60000/60000 [==============================] - 4s 74us/
sample - loss: 0.4281 - accuracy: 0.8683
Epoch 2/10
60000/60000 [==============================] - 4s 66us/
sample - loss: 0.1967 - accuracy: 0.9417
Epoch 3/10
60000/60000 [==============================] - 4s 63us/
sample - loss: 0.1507 - accuracy: 0.9547
Epoch 4/10
60000/60000 [==============================] - 4s 63us/
sample - loss: 0.1298 - accuracy: 0.9600
Epoch 5/10
60000/60000 [==============================] - 4s 60us/
sample - loss: 0.1141 - accuracy: 0.9651
Epoch 6/10
60000/60000 [==============================] - 4s 66us/
sample - loss: 0.1037 - accuracy: 0.9677
Epoch 7/10
60000/60000 [==============================] - 4s 61us/
sample - loss: 0.0940 - accuracy: 0.9702
Epoch 8/10
60000/60000 [==============================] - 4s 61us/
sample - loss: 0.0897 - accuracy: 0.9718
Epoch 9/10
60000/60000 [==============================] - 4s 62us/
sample - loss: 0.0830 - accuracy: 0.9747
Epoch 10/10
60000/60000 [==============================] - 4s 64us/
sample - loss: 0.0805 - accuracy: 0.9748
10000/10000 [==============================] - 0s 39us/
sample - loss: 0.0654 - accuracy: 0.9797

Test accuracy: 98.0%
```

B.3 Keras、CNN 和 cifar10

本节包含一个简单示例，在 cifar10 数据集上训练一个神经网络。此代码示例同在 MNIST 上训练神经网络非常相似，只需要一点小的改动。

请记住 MNIST 中的图像尺寸为 28 × 28，而 cifar10 中的图像尺寸为 32 × 32。始终确保图像在数据集中具有相同的维度，否则可能会导致结果不可预测。

注意：确保在你数据集中的图像有相同的维度

清单 B.5 的 `keras_cnn_cifar10.py` 展示了在 cifar10 数据集上训练一个 CNN。

清单 B.5　peras_cnn_cifar10.py

```
import tensorflow as tf

batch_size = 32
```

```
num_classes = 10
epochs = 100
num_predictions = 20

cifar10 = tf.keras.datasets.cifar10

# The data, split between train and test sets:
(x_train, y_train), (x_test, y_test) = cifar10.
load_data()
print('x_train shape:', x_train.shape)
print(x_train.shape[0], 'train samples')
print(x_test.shape[0], 'test samples')

# Convert class vectors to binary class matrices
y_train = tf.keras.utils.to_categorical(y_train,
num_classes)
y_test = tf.keras.utils.to_categorical(y_test,
num_classes)

model = tf.keras.models.Sequential()
model.add(tf.keras.layers.Conv2D(32, (3, 3),
padding='same', input_shape=x_train.shape[1:]))
model.add(tf.keras.layers.Activation('relu'))
model.add(tf.keras.layers.Conv2D(32, (3, 3)))
model.add(tf.keras.layers.Activation('relu'))
model.add(tf.keras.layers.MaxPooling2D
(pool_size=(2, 2)))
model.add(tf.keras.layers.Dropout(0.25))

# you can also duplicate the preceding code block here

model.add(tf.keras.layers.Flatten())
model.add(tf.keras.layers.Dense(512))
model.add(tf.keras.layers.Activation('relu'))
model.add(tf.keras.layers.Dropout(0.5))
model.add(tf.keras.layers.Dense(num_classes))
model.add(tf.keras.layers.Activation('softmax'))

# use RMSprop optimizer to train the model
model.compile(loss='categorical_crossentropy',
              optimizer=opt,
              metrics=['accuracy'])

x_train = x_train.astype('float32'
x_test = x_test.astype('float32'
x_train /= 255

 x_test /= 255

 model.fit(x_train, y_train
           batch_size=batch_size,
           epochs=epochs,
           validation_data=(x_test, y_test),
           shuffle=Tru

 # evaluate and display results from test data
 scores = model.evaluate(x_test, y_test, verbose=1)
 print('Test loss:', scores[0])
 print('Test accuracy:', scores[1])
```

清单B.5包含一些常用的import语句并通过cifar10数据集初始化变量cifar10。

接下来的部分同清单 B.4 内容非常相似：主要的差别在于此模型定义的是一个 CNN 而不是 MLP，因此，它的第一层是一个卷积层，如下所示：

```
model.add(tf.keras.layers.Conv2D(32, (3, 3),
padding='same',
                  input_shape=x_train.shape[1:]))
```

注意，CNN 包含一个卷积层（这就是前面代码片段的目的），然后是 ReLU 激活函数和一个 max 池化层，这两个层都显示在清单 B.5 中。此外，Keras 模型的最后一层是 softmax 激活函数，它将“全连接”层中的 10 个数值转换为一组 0 到 1 之间的非负数集合，它们的和等于 1（这给了我们一个概率分布）。

模型被编译和训练，并在测试集上评估其性能。清单 B.5 的最后部分显示了测试相关的损失和准确率，这两个值都是在前面的评估步骤中计算出来的。运行清单 B.5 中的代码，你将看到以下输出（注意，代码在第二个 epoch 完成一部分的时候停止）：

```
x_train shape: (50000, 32, 32, 3)
50000 train samples
10000 test samples
Epoch 1/100
50000/50000 [==============================] - 285s 6ms/
sample - loss: 1.7187 - accuracy: 0.3802 - val_loss:
1.4294 - val_accuracy: 0.4926
 Epoch 2/100
  1888/50000 [>.............................] - ETA: 4:39
 - loss: 1.4722
 - accuracy: 0.4635
```

清单 B.6 的 keras_resize_image.py 说明了在 Keras 中如何调整图像大小。

清单 B.6　keras_resize_image.py

```
import tensorflow as tf
import numpy as np
import imageio
import matplotlib.pyplot as plt

# use any image that has 3 channels
inp = tf.keras.layers.Input(shape=(None, None, 3))
out = tf.keras.layers.Lambda(lambda image: tf.image.
resize(image, (128, 128)))(inp)

model = tf.keras.Model(inputs=inp, outputs=out)
model.summary()

# read the contents of a PNG or JPG
X = imageio.imread('sample3.png')

out = model.predict(X[np.newaxis, ...])

fig, axes = plt.subplots(nrows=1, ncols=2
axes[0].imshow(X)
axes[1].imshow(np.int8(out[0,...]))

plt.show()
```

清单 B.6 包含常用的 import 语句，然后初始化变量 inp 使其能够容纳彩色图像，后跟变量 out，它作为调整 inp 大小的结果值使其具有三个颜色通道。接下来，指定 inp 和 out 分别作为 Keras 模型的输入和输出值，如下面代码片段所示：

```
model = tf.keras.Model(inputs=inp, outputs=out)
```

接下来，初始化变量 X 作为读取图像 sample.png 内容的引用。清单 B.6 的其余部分展示两个图像：原始图像和调整大小后的图像。运行清单 B.6 你将看到一个图像和其调整后的图像，如图 B.2 所示。

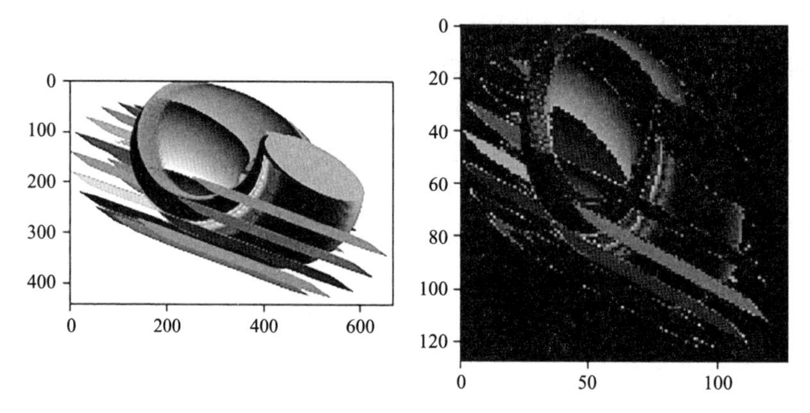

图B.2　图像及其调整大小后的图像

B.4　早停、指标及保存和恢复模型

B.4.1　Keras 和早停

在数据集上指定了训练集和测试集之后，还可以指定训练的 epoch 数量。太大的 epoch 值会导致过拟合，太小的值会导致欠拟合。此外，当模型的性能提升缩小时，后面的训练迭代会变得多余。

早停技术可以允许你为 epoch 指定一个很大的值，同时如果模型的性能提升低于阈值，训练将被停止。

有几种设置早停的方法，它们涉及回调函数的概念。清单 B.7 展示的 tf2_keras_callback.py 展示了通过回调机制执行早停的过程。

清单 B.7　tf2_keras_callback.py

```
import tensorflow as tf
import numpy as np

model = tf.keras.Sequential()
model.add(tf.keras.layers.Dense(64, activation='relu'))
model.add(tf.keras.layers.Dense(64, activation='relu'))
```

```
model.add(tf.keras.layers.Dense(10, activation='softmax'))

model.compile(optimizer=tf.keras.optimizers.Adam(0.01),
              loss='mse',       # mean squared error
              metrics=['mae'])  # mean absolute error

data   = np.random.random((1000, 32))
labels = np.random.random((1000, 10))

val_data   = np.random.random((100, 32))
val_labels = np.random.random((100, 10))

callbacks = [
  # stop training if "val_loss" stops improving for over
2 epochs
  tf.keras.callbacks.EarlyStopping(patience=2,
monitor='val_loss'),
  # write TensorBoard logs to the ./logs directory
  tf.keras.callbacks.TensorBoard(log_dir='./logs')
]

model.fit(data, labels, batch_size=32, epochs=50,
callbacks=callbacks,
          validation_data=(val_data, val_labels))

model.evaluate(data, labels, batch_size=32)
```

清单 B.7 定义一个包含三个隐藏层的 Keras 模型，并编译模型。接下来通过 np.random.random 函数初始化变量 data、labels、val_data 和 val_labels。

定义 callbacks 变量的代码是很有意思的，通过指定 tf.keras.callbacks.EarlyStopping 类的 patience 值为 2，表示当 val_loss 的性能提升不明显时，模型将停止训练。tf.keras.callbacks.TensorBoard 类指定日志子目录作为 TensorBoard 文件的位置。

接下来，指定 epochs 值为 50 来调用 model.fit() 方法，接着调用 model.evaluate() 方法。运行清单 B.7 你将看到如下输出：

```
Epoch 1/50
1000/1000 [==============================] - 0s 354us/
sample - loss: 0.2452 - mae: 0.4127 - val_loss: 0.2517 -
val_mae: 0.4205
Epoch 2/50
1000/1000 [==============================] - 0s 63us/
sample - loss: 0.2447 - mae: 0.4125 - val_loss: 0.2515 -
val_mae: 0.4204
Epoch 3/50
1000/1000 [==============================] - 0s 63us/
sample - loss: 0.2445 - mae: 0.4124 - val_loss: 0.2520 -
val_mae: 0.4209
Epoch 4/50
1000/1000 [==============================] - 0s 68us/
sample - loss: 0.2444 - mae: 0.4123 - val_loss: 0.2519 -
val_mae: 0.4205
1000/1000 [==============================] - 0s 37us/
sample - loss: 0.2437 - mae: 0.4119
(1000, 10)
```

注意，虽然指定的 epoch 数是 50，但是代码在 4 个 epoch 之后停止了训练。

前面的代码示例展示了关于 Keras 中回调函数使用的最小功能点。你也可以自定义类，它提供使用回调机制的更细粒度的功能。

清单 B.8 的 tf2_keras_callback2.py 展示了通过回调机制执行的早停（新代码用粗体显示）。

清单 B.8　tf2_keras_callback2.py

```
import tensorflow as tf
import numpy as np

model = tf.keras.Sequential()
model.add(tf.keras.layers.Dense(64, activation='relu'))
model.add(tf.keras.layers.Dense(64, activation='relu'))
model.add(tf.keras.layers.Dense(10,
activation='softmax'))
model.compile(optimizer=tf.keras.optimizers.Adam(0.01),
              loss='mse',       # mean squared error
              metrics=['mae'])  # mean absolute error

data   = np.random.random((1000, 32))
labels = np.random.random((1000, 10))

val_data   = np.random.random((100, 32))
val_labels = np.random.random((100, 10))

class MyCallback(tf.keras.callbacks.Callback):
  def on_train_begin(self, logs={}):
    print("on_train_begin")

  def on_train_end(self, logs={}):
    print("on_train_begin")
    return

  def on_epoch_begin(self, epoch, logs={}):
    print("on_train_begin")
    return

  def on_epoch_end(self, epoch, logs={}):
    print("on_epoch_end")
    return

  def on_batch_begin(self, batch, logs={}):
    print("on_batch_begin")
    return

  def on_batch_end(self, batch, logs={}):
    print("on_batch_end")
    return

callbacks = [MyCallback()]

model.fit(data, labels, batch_size=32, epochs=50,
callbacks=callbacks,
          validation_data=(val_data, val_labels))

model.evaluate(data, labels, batch_size=32)
```

清单 B.8 中的新代码与清单 B.7 的区别仅限于粗体显示的代码块。这个新代码定义了一个自定义 Python 类，它有六个方法，每个方法都在 Keras 生命周期执行期间的适当位置被调用。这六个方法是与训练、epoch、bacth 相关联的开始事件和结束事件组成的三对方法：

- def on_train_begin()
- def on_train_end()
- def on_epoch_begin()
- def on_epoch_end()
- def on_batch_begin()
- def on_batch_end()

在清单 B.8 中，上述方法只包含一个 print() 语句，你可以在这些方法中插入任何你想要的代码。运行清单 B.8 的代码你会看到如下输出：

```
on_train_begin
on_train_begin
Epoch 1/50
on_batch_begin
on_batch_end
  32/1000 [..............................] - ETA: 4s -
loss: 0.2489 - mae: 0.4170on_batch_begin
on_batch_end
on_batch_begin on_batch_end
// details omitted for brevity
on_batch_begin
on_batch_end
on_batch_begin
on_batch_end
992/1000 [============================>.] - ETA: 0s -
loss: 0.2468 - mae: 0.4138on_batch_begin
on_batch_end
on_epoch_end
1000/1000 [==============================] - 0s 335us/
sample - loss: 0.2466 - mae: 0.4136 - val_loss: 0.2445 -
val_mae: 0.4126
on_train_begin
Epoch 2/50
on_batch_begin
on_batch_end
  32/1000 [..............................] - ETA: 0s -
 loss: 0.2465 - mae: 0.4133on_batch_begin
 on_batch_end
 on_batch_begin
 on_batch_end
 // details omitted for brevity
 on_batch_end
 on_epoch_end
 1000/1000 [==============================] - 0s 51us/
 sample - loss: 0.2328 - mae: 0.4084 - val_loss: 0.2579 -
 val_mae: 0.4241
 on_train_begin
  32/1000 [..............................] - ETA: 0s -
 loss: 0.2295 - mae: 0.4030
 1000/1000 [==============================] - 0s 22us/
 sample - loss: 0.2313 - mae: 0.4077
 (1000, 10)
```

B.4.2　Keras 和指标

很多基于 Keras 的模型仅指定“准确率”作为评估训练模型的指标，如下所示：

```
model.compile(optimizer='adam',
              loss='sparse_categorical_crossentropy',
              metrics=['accuracy'])
```

然而，还有很多其他内置的指标都被封装为 Keras 类，位于 tf.keras.metrics 命名空间中。下面的列表中显示了许多这样的指标：

- Accuracy 类：预测匹配标签的频率
- BinaryAccuracy 类：预测匹配标签的频率
- CategoricalAccurary 类：预测匹配标签的频率
- FalseNegative 类：假阴性的数量
- FalsePositive 类：假阳性的数量
- Mean 类：给定值的 (加权) 均值
- Precision 类：预测标签的精度
- Recall 类：预测标签的召回率
- TrueNegative 类：真阴性的数量
- TruePositive 类：真阳性的数量

在本书的前面部分你学习了关于“混淆矩阵”的知识，它提供了 TP、TN、FP、FN 的值，它们分别对应了 Keras 的 TruePositive、TrueNegative、FalsePositive 和 FalseNegative 类。你可以在网上搜索一下上述指标使用的代码示例。

B.4.3　保存和恢复 Keras 模型

清单 B.9 的 tf2_keras_save_model.py 内容展示了创建、训练和保存一个基于 Keras 的模型，然后用保存的模型来创建一个新模型。

清单 B.9　tf2_keras_save_model.py

```
import tensorflow as tf
import os
def create_model():
  model = tf.keras.models.Sequential([
    tf.keras.layers.Flatten(input_shape=(28, 28)),
    tf.keras.layers.Dense(512, activation=tf.nn.relu),
    tf.keras.layers.Dropout(0.2),
    tf.keras.layers.Dense(10, activation=tf.nn.softmax)
  ])

  model.compile(optimizer=tf.keras.optimizers.Adam(),
                loss=tf.keras.losses.sparse_categorical_
crossentropy, metrics=['accuracy'])
  return model

# Create a basic model instance
model = create_model()
```

```
model.summary()

checkpoint_path = "checkpoint/cp.ckpt"
checkpoint_dir = os.path.dirname(checkpoint_path)

# Create checkpoint callback
cp_callback = tf.keras.callbacks.
ModelCheckpoint(checkpoint_path,
save_weights_only=True, verbose=1)
# => model #1: create the first mode
model = create_model()

mnist = tf.keras.datasets.mnist
(X_train, y_train),(X_test, y_test) = mnist.load_data()

X_train, X_test = X_train / 255.0, X_test / 255.0
print("X_train.shape:",X_train.shape)

model.fit(X_train, y_train,  epochs = 2
          validation_data = (X_test,y_test),
          callbacks = [cp_callback])  # pass callback to
training

# => model #2: create a new model and load saved model
model = create_model()
loss, acc = model.evaluate(X_test, y_test)
print("Untrained model, accuracy: {:5.2f}%".
format(100*acc))

model.load_weights(checkpoint_path)
loss,acc = model.evaluate(X_test, y_test)
print("Restored model, accuracy: {:5.2f}%".
format(100*acc))
```

清单 B.9 首先通过 Python 函数 `create_model()` 来创建和编译一个基于 `Keras` 的模型。接下来定义模型被存储的文件路径以及检查点回调，如下所示：

```
checkpoint_path = "checkpoint/cp.ckpt"
checkpoint_dir = os.path.dirname(checkpoint_path)

# Create checkpoint callback
cp_callback = tf.keras.callbacks.
ModelCheckpoint(checkpoint_path,
save_weights_only=True, verbose=1)
```

清单 B.9 接下来使用 MNIST 数据集训练当前模型，并指定 `cp_callback` 以保存模型。

清单 B.9 最后通过调用 Python 函数 `create_model()` 再次创建一个新的基于 `Keras` 的模型，通过测试相关数据评估模型，并显示其准确率。接下来，通过 `load_weights()` API 加载之前保存的模型权重。此处再现相关代码块：

```
model = create_model()
loss, acc = model.evaluate(X_test, y_test)
print("Untrained model, accuracy: {:5.2f}%".
format(100*acc))

model.load_weights(checkpoint_path)
loss,acc = model.evaluate(X_test, y_test)
print("Restored model, accuracy: {:5.2f}%".
format(100*acc))
```

运行清单 B.9 你会看到如下输出：

```
on_train_begin
Model: "sequential"
_________________________________________________________________
Layer (type)                 Output Shape              Param #
=================================================================
flatten (Flatten             (None, 784)               0
_________________________________________________________________
dense (Dense)                (None, 512)               401920
_________________________________________________________________
dropout (Dropout)            (None, 512)               0
_________________________________________________________________
dense_1 (Dense)              (None, 10)                5130
=================================================================
Total params: 407,050
Trainable params: 407,050
Non-trainable params: 0

Train on 60000 samples, validate on 10000 samples
Epoch 1/2
59840/60000 [============================>.] - ETA: 0s -
loss: 0.2173 - accuracy: 0.9351
Epoch 00001: saving model to checkpoint/cp.ckpt
60000/60000 [==============================] - 10s
168us/sample - loss: 0.2170 - accuracy: 0.9352 - val_
loss: 0.0980 - val_accuracy: 0.9696
Epoch 2/2
59936/60000 [============================>.] - ETA: 0s -
loss: 0.0960 - accuracy: 0.9707
Epoch 00002: saving model to checkpoint/cp.ckpt
60000/60000 [==============================] - 10s
174us/sample - loss: 0.0959 - accuracy: 0.9707 - val_
loss: 0.0735 - val_accuracy: 0.9761

10000/10000 [==============================] - 1s 86us/
sample - loss: 2.3986 - accuracy: 0.0777
Untrained model, accuracy:  7.77%
10000/10000 [==============================] - 1s 67us/
sample - loss: 0.0735 - accuracy: 0.9761
Restored model, accuracy: 97.61%
```

在你运行这段代码示例的路径下会包含一个新的子目录 checkpoint，它包含的内容如下：

```
-rw-r--r--  1 owner  staff     1222 Aug 17 14:34 cp.ckpt
index
-rw-r--r--  1 owner  staff  4886716 Aug 17 14:34 cp.ckpt
data-00000-of-00001
-rw-r--r--  1 owner  staff       71 Aug 17 14:34
checkpoint
```

B.5 小结

本附录向你介绍了 Keras 的一些特性，以及一系列基于 Keras 的代码示例，其中涉及基本的神经网络，以及 MNIST 和 cifar10 数据集。你了解了一些重要的命名空间（如

`tf.keras.layers`)及其内容。

接下来你看到了一个基于简单 CSV 文件执行线性回归的 `Keras` 代码。之后你学习了如何创建基于 `Keras` 的模型在 MNIST 数据集上训练 MLP 神经网络。

此外，你还看到了基于 `Keras` 执行“早停”的模型示例，当模型在训练过程中表现出很小的改进（由你指定）时，这是很方便的。

APPENDIX C

附录 C

TF 2 介绍

欢迎来到 TensorFlow 2 的世界！本附录向你介绍 TensorFlow 2（缩写为 TF 2）的各种特性，以及 TF 2 相关技术下的一些工具和项目。你将看到讲述 TF 2 特性（例如 `tf.GradientTape` 和 `@tf.function` 修饰符）的代码示例，另外还有一些代码示例演示了如何“用 TF 2 的方式”编写代码。

尽管本附录的许多主题都很简单，但它们为你提供了 TF 2 的基础。本附录深入研究了在其他书中会遇到的 TF 2 常用 API。

请记住 TensorFlow 1.x 的版本被认为是发布 TF 2 之后的遗留版本。谷歌只提供 TF 1.x 版本的安全更新（即没有开发新代码），并且在发布 TF 2 之后的至少一年内将继续对 TF 1 提供支持。为了方便起见，TensorFlow 提供了一个转换脚本，在很多情况下提供帮助自动地将 TensorFlow 1.x 版本的代码转换为 TF 2 代码（细节在本附录后面提供）。

正如你在前言中所见，本附录包含几节 TF 1.x 的内容，它们位于本附录的末尾。如果你没有 TF 1.x 代码，这些小节是可选读的（它们被标记为选读）。

C.1 节简要介绍 TF 2 的一些特性以及在 TF 2 相关技术下的一些工具。C.2 节向你展示如何编写涉及 TF 常量和变量的 TF 2 代码。

C.3 节稍微有些偏题，你将了解 TF 2 的 Python 函数修饰符 `@tf.function`，它在本章的许多代码示例中使用。尽管这个修饰符并不总是必需的，但是熟悉这个特性是很重要的，关于它的使用，有一些不太直观的注意事项将在此部分中讨论。

C.4 节向你展示了如何在 TF 2 中执行典型的算术操作，如何使用一些内置的 TF 2 函数，以及如何计算三角函数值。如果需要执行科学计算，请参阅与 TF 2 中通过浮点数所能达到的精度类型有关的代码示例。本节还向你展示了如何使用 for 循环以及如何计算指数值。

C.5 节包含了涉及数组的 TF 2 代码示例，例如创建单位矩阵、常量矩阵、随机均匀矩阵和截断正态矩阵，并解释了截断矩阵和随机矩阵之间的区别。本节还将向你展示如何在

TF 2 中进行二阶张量乘法，以及如何将 Python 数组转换为 TF 2 中的二阶张量。C.6 节包含代码示例，演示如何使用 TF 2 的一些新特性，比如 `tf.GradientTape`。

尽管本书中的 TF 2 代码示例使用了 Python 3.x，其代码样例可以修改并运行在 Python 2.7 以下的版本中。在本书中（仅在本书中）还要注意以下约定 :TF 1.x 文件有一个“tf_”前缀，而 TF 2 文件有一个“TF 2_”前缀。

考虑到这些，C.1 节将讨论 TF 2 的一些细节、架构和特性。

C.1　TF 2 基础知识

C.1.1　什么是 TF 2

TF 2 是一个谷歌开源的最新 TensorFlow 框架。TF 2 框架是一个非常适合机器学习和深度学习的现代框架，并通过了 Apache 许可。有趣的是，TF 在艺术、音乐和医学等领域的创造性和大量的应用案例让许多人 (甚至可能是 TF 团队的成员) 感到惊讶。出于各种原因，TensorFlow 团队创建 TF 2 的目标是整合 TF 的 API、消除重复的 API、支持快速原型设计并简化调试。

如果你是 `Keras` 的粉丝，那么有一个好消息：TF 2 的改进部分采用的是作为 TF 2 核心功能的 `Keras`。 事实上，TF 2 扩展和优化了 `Keras` 使其能够利用 TF 2 中的所有高级特性。

如果你主要使用深度学习模型（CNN、RNN、LSTM 等），那么你可能会使用 `tf.keras` 命名空间中的一些类，它是在 TF 2 的 `Keras` 中实现。此外，`tf.keras.layers` 为神经网络提供了几个标准层。稍后你将看到，有几种方法可以用来定义基于 `Keras` 的模型，通过 `tf.keras.Sequential` 类、函数式定义、通过定义子类技术。或者，如果你愿意，你仍然可以使用更底层的操作和自动微分技术。

此外，TF 2 删除了重复的功能，在 API 之间提供了更直观的语法，并且兼容整个 TF 2 生态系统。TF 2 甚至提供了一个叫作 `tf.compat.v1`（不包括 `tf.contrib`）的向后兼容模块，以及一个转换脚本 `tf_upgrade_v2` 来帮助用户从 TF 1.x 迁移到 TF 2。

TF 2 的另一个重大改变是即时执行作为默认模式（而非延迟执行），以及 `@tf.function` 修饰符和隐私相关的一些新特性。下面是 TF 2 特性和相关技术的一个精简列表：

- 对 `tf.keras` 的支持：机器学习和深度学习的高阶代码规范
- TensorFlow.js V1.0：现代浏览器中的 TF
- TensorFlow Federated：一个分散式数据机器学习的开源框架
- 不规则张量：嵌套的可变长（不均匀）列表
- TensorFlow 概率：与深度学习结合的概率模型
- Tensor2Tensor：一个数据集和深度学习模型库

TF 2 也支持多种编程语言和硬件平台，包括：

- 支持 Python、Java、C++
- 支持桌面、服务器、移动设备（TF Lite）
- 支持 CPU/GPU/TPU
- 支持 Linux 和 Mac OS X
- 支持 Windows VM

浏览 TF 2 的主页，你会发现许多 TF 2 资源的链接 :https://www.tensorflow.org

1. TF 2 应用场景

TF 2 被设计用来解决各种应用中出现的任务，这里列出了一些：

- 图像识别
- 计算机视觉
- 音频识别
- 时序分析
- 语言检测
- 语言翻译
- 文本处理
- 手写识别

上面的应用场景在 TF 1.x 和 TF 2 中都可以解决，相比之下，后者的代码更加简洁。

2. 简短版 TF 2 架构

TF 2 由 C++ 编写，支持基本数据类型和张量（稍后讨论）的操作。在 TF 1.x 中的默认执行方式是*延迟执行*，而在 TF 2 中是*即时执行*（理解为立即模型）。尽管 TF 1.4 引入了即时执行，但是你在网上找到的大部分 TF 1.x 代码都采用延迟执行。

TF 2 支持张量（即增强的多维数组）的算术操作，也支持如 “ for” 循环、“ while” 循环等条件逻辑。尽管 TF 2 允许在即时执行和延迟执行模式之间切换，但本书的所有代码示例都采用即时执行模式。

TensorBoard（在附录 B 讨论）作为 TF 2 的一部分解决了数据可视化问题。如你在本书的代码示例中所见，TF 2 的 API 可以在 Python 中使用，因此可以嵌入 Python 脚本中。

初步的介绍到这里就够了，让我们看看如何安装 TF 2，这是下一节的主题。

3. TF 2 安装

通过在命令行中执行以下命令来安装 TensorFlow：

```
pip install tensorflow==2.0.0
```

当 TF 2 的生产版本可用后，你可以向命令行做出如下命令（这将是 TF 2 的最新版本）：

```
pip install --upgrade tensorflow
```

如果你希望安装一个 TensorFlow 的指定版本（比如 1.13.1 版本），输入如下命令：

```
pip install --upgrade tensorflow==1.13.1
```

你还可以对 TensorFlow 降版本。例如，你已经安装了 1.13.1 版本并且你希望安装 1.10 版本，那么在上面的代码示例中指定 1.10。TensorFlow 会卸载当前版本并安装你指定的版本（如 1.10）。

作为完整性检查，使用以下三行代码创建一个 Python 脚本，以确定安装在你的机器上的 TF 版本号：

```
import tensorflow as tf
print("TF Version:",tf.__version__)
print("eager execution:",tf.executing_eagerly())
```

运行前面的代码，你应该会看到类似如下的输出：

```
TF version: 2.0.0
eager execution: True
```

作为一个简单的 TF 2 代码示例，把下面代码片段放入一个文本文件中：

```
import tensorflow as t
print("1 + 2 + 3 + 4 =", tf.reduce_sum([1, 2, 3, 4]))
```

在命令行中运行上面的代码，你会看到如下输出：

```
1 + 2 + 3 + 4 = tf.Tensor(10, shape=(), dtype=int32)
```

4. TF 2 和 Python 交互式编程

如果你不熟悉 Python 的交互编程（Read-Eval-Print-Loop，REPL），你可以打开一个命令行终端然后输入以下命令：

```
python
```

作为简单示例，在交互窗口通过如下方式导入 TF 2 相关功能：

```
>>> import tensorflow as tf
```

现在，通过下面命令检查你安装的 TF 2 的版本：

```
>>> print('TF version:',tf.__version__)
```

上述代码的输出如下（你看到的数字取决于你安装的 TF 2 具体版本）：

```
TF version: 2.0.0
```

尽管交互式编程对于简短的代码块很有用，但在本书中的 TF 2 代码示例是可以用 Python 可执行文件启动的 Python 脚本。

C.1.2　基于 TF 2 的其他工具包

除了在多个设备上支持基于 TF 2 的代码之外，TF 2 还提供了以下工具包：

- 用于可视化的 TensorBoard（作为 TensorFlow 的一部分）
- TensorFlow 服务（托管在服务器上）
- TensorFlow Hub
- TensorFlow Lite（用于移动应用）
- tensorFlow.js（用于网页和 NodeJS）

TensorBoard 是一个运行在浏览器中的图形可视化工具。打开命令 shell 并键入以下命令来访问子目录 /tmp/abc（或者你指定的一个路径）中保存的 TF 图，以此从命令行启动 TensorBoard。

```
tensorboard -logdir /tmp/abc
```

注意，在前面的命令中，logdir 形参之前有两个连续的破折号（“-”）。现在启动浏览器并导航到 localhost:6006 的 URL。

马上你将看到在代码中创建并保存在 /tmp/abc 目录中的 TF 2 图形的可视化。

TensorFlow Serving 是一个基于云的、灵活的、高性能的机器学习模型服务系统，专为生产环境设计。TensorFlow 服务使得部署新算法和实验变得容易，同时保持相同的服务器架构和 API。更多信息在这里 :https://www.TF 2.org/serving/

TensorFlow Lite 是专门为移动开发（Android 和 iOS）而创建的。请记住，TensorFlow Lite 取代了 TF 2 Mobile，后者是早期用于开发移动应用程序的 SDK。TensorFlow Lite（也存在于 TF 1.x 中）支持设备上的机器学习推断，具有低延迟和较小的二进制大小。此外，TensorFlow Lite 通过 Android 神经网络 API 支持硬件加速。欲知更多有关 TensorFlow Lite 的资料，请浏览：https://www.tensorflow.org/lite/

最近加入的 tensorflow.js 提供了 JavaScript API 以此在网页中访问 TensorFlow。tensorflow.js 工具包之前叫作 deeplearning.js。你也可以在 NodeJS 中运行 tensorflow.js。关于 tensorflow.js 的更多信息可访问 https://js.tensorflow.org。

C.1.3　TF 2 即时执行

TF 2 的即时执行模式使得它比 TF 1.x 更容易编写代码（TF 1.x 使用延迟执行模式）。你会惊讶地发现 TF 在 1.4.1 版本中引入了“即时执行”作为延迟执行的另一个选择，但这个特性没有得到充分利用。在 TF 1.x 代码中，TensorFlow 创建一个数据流图，由（1）一组代表单元之间运算的 tf.Operation 对象和（2）代表在运算符之间流动的数据的 tf.Tensor 对象所构成。

与此不同，TF 2 会立即评估操作而不需要实例化一个会话对象或创建一个图。操作返回具体的值而不是创建一个计算图。TF 2 即时执行基于 Python 控制流而不是图控制流。在本附录后面的代码示例中你会看到算法操作更加简单直观。另外，TF 2 的即时执行模式简化了调试过程。然而请记住，图和即时执行并不是 1:1 的关系。

C.2 TF 2 的张量、数据类型和基本类型

简单来讲，TF 2 张量是一个 n 维数组，类似于一个 NumPy 数组。一个 TF 2 张量由它的维度定义，如下所示：

- 标量数字：一个零阶张量
- 向量：一个一阶张量
- 矩阵：一个二阶张量
- 3 维数组：一个三阶张量

下面将首先讨论 TF 2 中可用的一些数据类型，然后讨论 TF 2 的基本类型。

C.2.1 TF 2 数据类型

TF 2 支持如下数据类型（类似于 TensorFlow 1.x 支持的数据类型）：

- tf.float32
- tf.float64
- tf.int8
- tf.int16
- tf.int32
- tf.int64
- tf.uint8
- tf.string
- tf.bool

上面列表中的数据类型不言自明——两种浮点类型、四种整数类型、一种无符号整数类型、一种字符串类型和一种布尔类型。如你所见，有 32 位和 64 位浮点类型，以及范围从 8 位到 64 位的整数类型。

C.2.2 TF 2 基本类型

TF 2 支持 `tf.constant()` 和 `tf.Variable()` 作为基本类型。注意 `tf.Variable()` 中大写的字母“V”，这表示一个 TF 2 类（不同于 `tf.constant()` 的小写字母开头）。

一个 TF 2 常量是一个不可变的值，下面是一个简单的例子：

```
aconst = tf.constant(3.0)
```

TF 2 中的变量是 TF 2 图中的“可训练值”。例如，欧几里得平面上点组成的数据集的最佳拟合直线的斜率 m 和 y 轴截距 b 就是可训练值的两个例子。TF 变量的一些例子如下：

```
b = tf.Variable(3, name="b")
x = tf.Variable(2, name="x")
z = tf.Variable(5*x, name="z")

W = tf.Variable(20)
lm = tf.Variable(W*x + b, name="lm")
```

注意，b、x 和 z 被定义为 TF 变量。此外，b 和 x 用数值初始化，而变量 z 的值是附加在 x 值（等于 2）上的表达式。

1. TF 2 中的常量

以下是 TF 2 常量的属性的简短列表：

- 在定义时被初始化
- 值不可改变（即“不可变的”）
- 名称可以指定 (可选)
- 类型需要定义（例如 tf.float32）
- 在训练时不可被修改

清单 C.1 的 tf2_constants1.py 说明了如何指定和打印一些 TF 2 常量的值。

清单 C.1　tf2_constants1.py

```
import tensorflow as tf

scalar = tf.constant(10)
vector = tf.constant([1,2,3,4,5])
matrix = tf.constant([[1,2,3],[4,5,6]])
cube   = tf.consta
nt([[[1],[2],[3]],[[4],[5],[6]],[[7],[8],[9]]])

print(scalar.get_shape())
print(vector.get_shape())
print(matrix.get_shape())
print(cube.get_shape())
```

清单 C.1 包含四个 tf.constant() 语句分别定义零维、一维、二维、三维的 TF 张量。清单 C.1 的第二部分通过四个 print() 语句打印四个 TF 2 常量的 shape（形状）。输出如下：

```
()
(5,)
(2, 3)
(3, 3, 1)
```

清单 C.2 的 tf2_constants2.py 说明了如何定义一些 TF 2 常量并打印它们的值。

清单 C.2　tf2_constants2.py

```
import tensorflow as tf

x = tf.constant(5,name="x")
y = tf.constant(8,name="y")

@tf.function
def calc_prod(x, y):
  z = 2*x + 3*y
  return z

result = calc_prod(x, y)
print('result =',result)
```

清单 C.2 通过 TF 2 代码定义一个“修饰的”（粗体显示）Python 函数 calc_prod()，如果在 TF 1.x 中则会包含在 tf.Session() 代码段中。具体来说，z 应该包含在一个 sess.run() 语句中，并用一个 feed_dict 为 x 和 y 赋值。幸运的是，TF 2 的修饰符使得代码看起来更像是“正常”的 Python 代码。

2. TF 2 中的变量

TF 2.0 消除了全局集合及其相关的 API，例如 tf.get_variable、tf.variable_scope 和 tf.initializers.global_variables。当你需要一个 TF 2 变量的时候，直接构造并初始化，如下所示：

```
tf.Variable(tf.random.normal([2, 4])
```

清单 C.3 的 tf2_variables.py 说明了如何对涉及 TF 的常量和变量进行计算。

清单 C.3　tf2_variables.py

```
import tensorflow as tf

v = tf.Variable([[1., 2., 3.], [4., 5., 6.]])
print("v.value():", v.value())
print("")
print("v.numpy():", v.numpy())
print("")

v.assign(2 * v)
v[0, 1].assign(42)
v[1].assign([7., 8., 9.])
print("v:",v)
print("")

try:
  v= [7., 8., 9.]
except TypeError as ex:
  print(ex)
```

清单 C.3 定义一个 TF 2 变量 v 并打印其值。接下来的部分更新 v 的值并打印新值。清单 C.3 的最后包含一个 try/except 代码块试图更新 v[1] 的值。清单 C.3 的输出如下：

```
v.value(): tf.Tensor(
[[1. 2. 3.]
 [4. 5. 6.]], shape=(2, 3), dtype=float32

v.numpy(): [[1. 2. 3.]
 [4. 5. 6.]]

v: <tf.Variable 'Variable:0' shape=(2, 3) dtype=float32,
numpy=
array([[ 2., 42.,  6.],
       [ 7.,  8.,  9.]], dtype=float32)

'ResourceVariable' object does not support item
assignment
```

至此结束了包含 TF 常量和 TF 变量的各种组合的 TF 2 代码的快速概览。接下来的几节将深入讨论前几节中 TF 基本类型的更多细节。

C.2.3 tf.rank() API

TF 2 张量的阶（rank）是指张量的维度，而张量的形状（shape）是指每个维度中元素的数量。清单 C.4 展示的 `tf2.rank.py` 说明了如何获得 TF 2 张量的 rank。

清单 C.4　tf2_rank.py

```
import tensorflow as tf # tf2_rank.py

A = tf.constant(3.0)
B = tf.fill([2,3], 5.0
C = tf.constant([3.0, 4.0])

@tf.function
def show_rank(x):
  return tf.rank(x)

print('A:',show_rank(A))
print('B:',show_rank(B))
print('C:',show_rank(C))
```

清单 C.4 包含熟悉的代码，它定义了 TF 常量 `A`，接着是一个 TF 张量 `B`，这是一个 2×3 的张量并且每个元素的值都是 5。TF 张量 C 是一个 1×2 的张量，值为 3.0 和 4.0。

接下来的代码块定义一个被修饰的 Python 函数 `show_rank()` 返回输入变量的 rank。最后部分用 `A` 和 `B` 调用函数 `show_rank()`。清单 C.4 的输出如下：

```
A: tf.Tensor(0, shape=(), dtype=int32)
B: tf.Tensor(2, shape=(), dtype=int32)
C: tf.Tensor(1, shape=(), dtype=int32)
```

C.2.4 tf.shape( )API

一个 TF 2 张量的 shape 是给定张量的每个维度中元素的个数

清单 C.5 的 `tf2_getshape.py` 说明了如何获得 TF 2 张量的 shape。

清单 C.5　tf2_getshape.py

```
import tensorflow as tf

a = tf.constant(3.0)
print("a shape:",a.get_shape())

b = tf.fill([2,3], 5.0
print("b shape:",b.get_shape())

c = tf.constant([[1.0,2.0,3.0], [4.0,5.0,6.0]])
print("c shape:",c.get_shape())
```

清单 C.5 定义一个 TF 常量 `a`，值为 3.0。接下来，变量 `b` 是一个 1×2 的向量，值为 `[[2,3],5.0]`，以及一个常量 c，值为 `[[1.0,2.0,3.0],[4.0,5.0,6.0]]`。三个 `print()` 语句分别打印 `a`、`b`、`c` 的值。清单 C.5 的输出如下：

```
a shape: ()
b shape: (2, 3)
c shape: (2, 3)
```

指定零维张量（标量）的 shape 是数字（9、-5、2.34 等）、[] 和 ()。清单 C.6 展示的 `tf2_shapes.py` 包含了各种张量及其 shape。

清单 C.6　tf2_shapes.py

```
import tensorflow as tf
list_0 = []
tuple_0 = ()
print("list_0:",list_0)
print("tuple_0:",tuple_0)

list_1 = [3]
tuple_1 = (3)
print("list_1:",list_1)
print("tuple_1:",tuple_1)

list_2 = [3, 7]
tuple_2 = (3, 7)
print("list_2:",list_2)
print("tuple_2:",tuple_2)

any_list1  = [None]
any_tuple1 = (None)
print("any_list1:",any_list1)
print("any_tuple1:",any_tuple1)

any_list2 = [7,None]
any_list3 = [7,None,None]
print("any_list2:",any_list2)
print("any_list3:",any_list3)
```

清单 C.6 包含不同维度的简单列表和元组，以便说明这两种类型之间的区别。清单 C.6 的输出如下所示：

```
list_0: []
tuple_0: ()
list_1: [3]
tuple_1: 3
list_2: [3, 7]
tuple_2: (3, 7)
any_list1: [None]
any_tuple1: None
any_list2: [7, None]
any_list3: [7, None, None]
```

C.2.5　TF 2 中的变量（再谈）

TF 2 变量的值可以在误差反向传播过程中更新。TF 2 变量也可以保存，然后在稍后的时间点进行恢复。下面的列表包含了 TF 2 变量的一些属性：

- 初始值是可选的
- 在图执行之前必须初始化

- 在训练过程中更新
- 持续更新计算
- 权重和偏差值保持不变
- 内存缓冲（从磁盘保存 / 恢复）

下面是一些 TF 2 变量的简单示例：

```
b = tf.Variable(3, name='b')
x = tf.Variable(2, name='x')
z = tf.Variable(5*x, name="z")

W = tf.Variable(20)
lm = tf.Variable(W*x + b, name="lm")
```

注意，变量 b、x 和 W 是一个指定的常数值，而变量 z 和 lm 根据其他变量定义的表达式变化。如果你熟悉线性回归，那么你无疑会注意到变量 lm（“线性模型”）在欧几里得平面上定义了一条直线。TF 2 变量的其他属性如下：

- 一个张量可以通过操作更新
- 存在于 session.run 的内容之外
- 类似于“常规”变量
- 已学到的模型参数保持不变
- 变量可共享（或不可训练）
- 用于存储 / 维护状态
- 内部存储一个持久化的张量
- 可以读取 / 修改张量的值
- 多个工作者看到的 tf.Variables 变量值相同
- 是共享、持久化程序状态的最佳方式

TF 2 也提供了 tf.assign() 方法来修改变量的值，请务必阅读本附录后面的相关代码示例，以便学习如何正确使用此 API。

TF 2 变量与张量

记住 TF 变量与 TF 张量的如下区别：

TF 变量代表模型的可训练形参（例如神经网络的权重和偏差），而 TF 张量代表输入到模型中的数据以及数据通过模型时的中间表示。

C.3 节你将学习 Python 函数的 @tf.function“修饰符”，以此提高性能。

C.3　TF 2 的 Python 函数修饰符 @tf.function

C.3.1　什么是 TF 2 中的 @tf.function

TF 2 为 Python 函数引入了 @tf.function 修饰符，它定义一个图并执行会话，这是

TF 1.x 版本中 tf.Session() 的“继承版本”。由于图依然比较有用，@tf.function 直接将 Python 函数转换为图支持的函数。此修饰符还将基于张量的 Python 控制流转换为 TF 控制流，并将控制依赖关系添加到 TF 2 状态的顺序读和写操作。请记住相对于 NumPy 操作或 Python 原语，@tf.function 最适合 TF 2 操作。

通常，你不需要使用 @tf.function 修饰函数，它用来修饰高级计算，例如训练的一个步骤，或模型的前向传播。

尽管 TF 2 即时执行模式简化了更直观的用户界面，但这种易用性可能以降低性能为代价。幸运的是，@tf.function 修饰技术可以生成 TF 2 图代码，并且执行速度远高于即时执行模式。

性能上的收益取决于所执行的操作类型，矩阵相乘不会在 @tf.function 中受益，而优化深度神经网络就会通过 @tf.function 受益。

1. @tf.function 如何工作

当你使用 @tf.function 修饰一个 Python 函数，TF 2 自动地构建图模型代码。如果被 @tf.function 修饰的 Python 函数中包含了其他没有被 @tf.function 修饰的 Python 函数，那么“没修饰的” Python 函数也会被包含在生成的图中。

另一点需要记住的是在即时执行模式下的 tf.Variable 变量实际上是一个“普通”的 Python 对象，该对象在超出其作用域时被销毁。然而，当函数被 @tf.function 修饰的时候 tf.Variable 对象定义一个持久化对象。在这个场景下即时执行模型被禁用，tf.Variable 对象定义一个持久化 TF 2 图中的节点。因此，在没有注释的即时模式下工作的函数在使用 @tf.function 修饰时可能会失败。

2. 关于 TF 2 中 @tf.function 的警告

如果常量是在修饰的 Python 函数之前定义的，你可以使用 Python 的 print() 函数在函数内打印它们的值。但是如果常量是在修饰过的 Python 函数内定义的，那么可以使用 TF 2 的 tf.print() 函数在函数内打印它们的值。考虑以下代码块：

```
import tensorflow as tf

a = tf.add(4, 2)

@tf.function
def compute_values():
  print(a) # 6

compute_values()

# output:

# tf.Tensor(6, shape=(), dtype=int32)
```

如你所见，正确的结果被显示出来（粗体显示）。然而，如果你在被修饰的 Python 函数内定义了一个常量，则输出包含类型和属性，但不包含加法操作的执行。考虑以下代码块：

```
import tensorflow as tf

@tf.function
def compute_values():
  a = tf.add(4, 2)
  print(a)

compute_values()

# output:
# Tensor("Add:0", shape=(), dtype=int32)
```

前面输出中的 0 是张量名称的一部分，而不是输出的值。具体地说，Add:0 是指 tf.add() 操作零输出。对 compute_values() 的其他任何调用都不会输出结果。如果你想要真正的结果，其中一个解决方案是给函数一个返回值，如下所示：

```
import tensorflow as tf

@tf.function
def compute_values():
  a = tf.add(4, 2)
  return a

result = compute_values()
print("result:", result)
```

上述代码块的输出如下：

```
result: tf.Tensor(6, shape=(), dtype=int32)
```

第二个解决方案是用 TF 的 tf.print() 函数来代替 Python 的 print() 函数，如下的粗体代码所示：

```
@tf.function
def compute_values():
  a = tf.add(4, 2)
     tf.print(a)
```

第三个解决方案是在不影响图生成的情况下将数值转换为张量，如下所示：

```
import tensorflow as tf

@tf.function
def compute_values():
  a = tf.add(tf.constant(4), tf.constant(2))
  return a

result = compute_values()
print("result:", result)
```

3. tf.print() 函数和标准错误

还有一个细节需要记住，Python 的 print() 函数将输出"发送"到"标准输出"，关联的文件标识符的值为 1，而 tf.print() 将输出发送到"标准错误"，关联的文件标识符的值为 2。在诸如 C 之类的编程语言中，只有错误被发送给标准错误，因此请记住，tf.print() 的行为与关于标准输出和标准错误的惯例是不同的。下面的代码片段说明了这种差异：

```
python3 file_with_print.py    1>print_output
python3 file_with_tf.print.py2>tf.print_output
```

如果你的 Python 文件中既包含 print() 又包含 tf.print()，你可以通过如下方式获取输出：

```
python3 both_prints.py 1>print_output 2>tf.print_output
```

但是请记住，前面的代码片段也可能将实际的错误消息重定向到文件 tf.print_output。

C.3.2　使用 TF 2 中的 @tf.function

C.3.1 节解释了使用 Python 的 print() 语句和 tf.print() 函数的输出有何不同，后者会将输出发送到标准错误而不是标准输出。

这节包含了 TF 2 中几个 @tf.function 修饰符的例子，向你展示了一些操作上的细微差别，这些差别在于定义常量的位置以及使用 tf.print() 或者 Python 的 print() 函数。关于 @tf.function 还需要记住，你不需要对所有的 Python 函数都使用 @tf.function 修饰符。

1. 一个不使用 @tf.function 的例子

清单 C.7 展示的 tf2_simple_function.py 说明了如何使用 TF 2 定义一个 Python 函数。

清单 C.7　tf2_simple_function.py

```
import tensorflow as tf

def func():
  a = tf.constant([[10,10],[11.,1.]])
  b = tf.constant([[1.,0.],[0.,1.]])
  c = tf.matmul(a, b)
  return c

print(func().numpy())
```

清单 C.7 中的代码很简单，Python 函数 func() 定义两个 TF 2 常量，计算它们的乘积，并返回该值。

因为 TF 2 默认采用即时执行模式，所以 Python 函数 func() 被视为一个“普通”函数。启动代码，你将看到以下输出：

```
[[20. 30.]
 [22. 3.]]
```

2. 一个使用 @tf.function 的例子

清单 C.8 展示的 tf2_at_function.py 说明了如何使用 TF 2 定义一个修饰的 Python 函数。

清单 C.8　tf2_at_function.py

```
import tensorflow as tf

@tf.function
def func():
  a = tf.constant([[10,10],[11.,1.]])
  b = tf.constant([[1.,0.],[0.,1.]])
  c = tf.matmul(a, b)
  return c

print(func().numpy())
```

清单 C.8 定义了一个修饰的 Python 函数，其他代码部分与清单 C.7 相同。然而由于 @tf.function 注解，Python 函数 func() 被“包装”在一个 tensorflow.python.eager.def_function.Function 对象中。这个 Python 函数被赋予到对象的 .python_function 属性。

当 func() 函数被调用时开始构建图。只执行 Python 代码，并跟踪函数的行为，以便 TF 2 可以收集构造图所需的数据，输出如下：

```
[[20. 30.]
 [22.  3.]]
```

3. 使用 @tf.function 的重载

如果你使用过例如 Java 和 C++ 之类的编程语言，你应该对“重载”的概念比较熟悉。如果你对这部分比较陌生，可以看一下其概念，它的概念比较简单：一个被重载的函数是指你可以用不同类型的数据来调用函数。例如，你可以定义一个重载的“add”函数，它可以对两个数字相加也可以对两个字符串“相加”(例如将其连接)。

如果你感到好奇，重载函数在许多编程语言中通过“命名倾轧”（name mangling）来实现，它的内容是将签名（函数的形参及其数据类型）附加到函数名中，以生成唯一的函数名。它发生在“幕后”，这意味着你不需要担心实现细节。

清单 C.9 展示的 tf2_overload.py 说明了如何定义一个修饰的 Python 函数，并通过不同的数据类型调用。

清单 C.9　tf2_overload.py

```
import tensorflow as tf

@tf.function
def add(a):
  return a + a

print("Add 1:             ", add(1))
print("Add 2.3:           ", add(2.3))
print("Add string tensor:", add(tf.constant("abc")))

c = add.get_concrete_function(tf.TensorSpec(shape=None,
dtype=tf.string))
c(a=tf.constant("a"))
```

清单 C.9 定义一个通过 @tf.function 修饰的 Python 函数 add()。这个函数可以传入一个整数、小数，或者一个 TF 2 张量来调用，并计算正确的结果。运行代码你会得到如下输出：

```
Add 1:              tf.Tensor(2, shape=(), dtype=int32)
Add 2.3:            tf.Tensor(4.6, shape=(),
dtype=float32
Add string tensor: tf.Tensor(b'abcabc', shape=(),
dtype=string)
c: <tensorflow.python.eager.function.ConcreteFunction
object at 0x1209576a0>
```

4. 什么是 TF 2 中的 AutoGraph

AutoGraph 是 TF 2 中的一个重要特性，它是指将 Python 代码转换为图表示。事实上，AutoGraph 自动应用于被 @tf.function 修饰的 Python 函数上，这个修饰符从 Python 函数创建可调用的图。

AutoGraph 将 Python 的一个语法子集转换成可移植的、高性能的和语言无关的图表示，从而弥合了 TF 1.x 和 TF 2.x 之间的差别。事实上，AutoGraph 允许你用其代码片段检查它自动生成的代码。例如，如果你定义了一个名为 my_product() 的 Python 函数，你可以使用下面的代码片段检查它的自动生成代码：

```
print(tf.autograph.to_code(my_product))
```

特别是，Python 中的 for/while 结构在 TF 2 中是通过 tf.while_loop（也支持 break 和 continue）实现的。Python 中的 if 结构在 TF 2 中是通过 tf.cond 实现的。“for _ in dataset”在 TF 2 中是通过 dataset.reduce 实现的。

AutoGraph 有一些转换循环的规则。如果 for 循环的迭代内容是张量，则被转换；如果 while 循环的条件取决于张量，则被转换。如果循环被转换，它将被 tf.while_loop 动态“展开”，或者在特殊情况下，被 for x in tf.data.Dataset 动态“展开”（后者被转换为 tf.data.Dataset.reduce）。如果一个循环没有被转换，它将被静态展开。

AutoGraph 支持任意深度嵌套的控制流，因此你可以实现许多类型的 ML 程序。有关 AutoGraph 的更多信息，请查看在线文档。

C.4 TF 2 中的算术操作

清单 C.10 的 tf2_arithmetic.py 说明了如何在 TF 2 中执行算术操作。

清单 C.10 tf2_arithmetic.py

```
import tensorflow as tf

@tf.function # replace print() with tf.print()
def compute_values():
  a = tf.add(4, 2)
```

```
    b = tf.subtract(8, 6)
    c = tf.multiply(a, 3)
    d = tf.math.divide(a, 6)

    print(a) # 6
    print(b) # 2
    print(c) # 18
    print(d) # 1

compute_values()
```

清单 C.10 的代码定义了被修饰的 Python 方法 compute_values()，使用 tf.add()、tf.subtract()、tf.multiply() 和 tf.math.divide() 的 API 计算两个数字的和、差、积和商。四个 print() 语句显示 a、b、c 和 d 的值。清单 C.10 的输出结果如下：

```
tf.Tensor(6,   shape=(), dtype=int32)
tf.Tensor(2,   shape=(), dtype=int32)
tf.Tensor(18,  shape=(), dtype=int32)
tf.Tensor(1.0, shape=(), dtype=float64)
```

C.4.1　TF 2 中的算术操作注意事项

正如你所推测的，你还可以执行 TF 2 常数和变量的算术操作。清单 C.11 的 tf2_const_var.py 说明了如何执行涉及 TF 2 常量和变量的算术操作。

清单 C.11　tf2_const_var.py

```
import tensorflow as tf

v1 = tf.Variable([4.0, 4.0])
c1 = tf.constant([1.0, 2.0])

diff = tf.subtract(v1,c1)
print("diff:",diff)
```

清单 C.11 计算了 TF 变量 v1 和 TF 常量 c1 的差，其输出结果如下所示：

```
diff: tf.Tensor([3. 2.], shape=(2,), dtype=float3
```

但是，如果更新 v1 的值，然后打印 diff 的值，输出结果并不会改变。与其他命令式编程语言一样，必须重置 diff 的值。

清单 C.12 的 tf2_const_var2.py 说明了如何执行包含 TF 2 常量和变量的算术操作。

清单 C.12　tf2_const_var2.py

```
import tensorflow as tf

v1 = tf.Variable([4.0, 4.0])
c1 = tf.constant([1.0, 2.0])

diff = tf.subtract(v1,c1
print("diff1:",diff.numpy())
```

```
# diff is NOT updated:
v1.assign([10.0, 20.0])
print("diff2:",diff.numpy())

# diff is updated correctly:
diff = tf.subtract(v1,c1)
print("diff3:",diff.numpy())
```

清单 C.12 重新计算了清单 C.11 最后部分的 diff 的值，然后输出正确结果的值，显示如下：

```
diff1: [3. 2.]
diff2: [3. 2.]
diff3: [9. 18.]
```

TF 2 和内置函数

清单 C.13 的 tf 2_math_ops.py 说明了如何在一个 TF 图中执行其他算术操作。

清单 C.13　tf 2_math_ops.py

```
import tensorflow as tf

PI = 3.141592

@tf.function # replace print() with tf.print()
def math_values():
  print(tf.math.divide(12,8))
  print(tf.math.floordiv(20.0,8.0)
  print(tf.sin(PI))
  print(tf.cos(PI))
  print(tf.math.divide(tf.sin(PI/4.), tf.cos(PI/4.)))

math_values()
```

清单 C.13 包含 PI 的硬编码近似值，后跟被修饰的 Python 函数 math_values() 和五个打印算术结果的 print() 语句。特别要注意的是，第三个输出值是一个非常小的数字（正确的值为 0）。清单 C.13 的输出如下：

```
1.5
tf.Tensor(2.0,            shape=(), dtype=float32)
tf.Tensor(6.2783295e-07,  shape=(), dtype=float32)
tf.Tensor(-1.0,           shape=(), dtype=float32)
tf.Tensor(0.99999964,     shape=(), dtype=float32)
```

清单 C.14 的 tf 2_math_ops_pi.py 说明了如何在 TF 2 中执行算术操作。

清单 C.14　tf 2_math_ops_pi.py

```
import tensorflow as tf
import math as m

PI = tf.constant(m.pi)

@tf.function # replace print() with tf.print()
def math_values():
  print(tf.math.divide(12,8))
  print(tf.math.floordiv(20.0,8.0)
```

```
  print(tf.sin(PI))
  print(tf.cos(PI))
  print(tf.math.divide(tf.sin(PI/4.), tf.cos(PI/4.)))

math_values()
```

清单 C.14 与清单 C.13 中的代码几乎相同，唯一的不同是，清单 C.14 为 `PI` 指定了硬编码值，而清单 C.14 则是将值 `m.pi` 分配给 `PI`。所以近似值比正确值 0 更接近小数点后一位，清单 C.14 的输出如下。请注意，由于 Python `print()` 函数的缘故，其输出格式与清单 C.13 不同：

```
1.5
tf.Tensor(2.0,           shape=(), dtype=float32)
tf.Tensor(-8.742278e-08, shape=(), dtype=float32)
tf.Tensor(-1.0,          shape=(), dtype=float32)
tf.Tensor(1.0,           shape=(), dtype=float32)
```

C.4.2　在 TF 2 中计算三角函数值

清单 C.15 的 `tf2_trig_values.py` 说明了如何计算 TF 2 中三角函数的值。

清单 C.15　tf2_trig_values.py

```
import tensorflow as t
import math as m

PI = tf.constant(m.pi)

a = tf.cos(PI/3.)
b = tf.sin(PI/3.)
c = 1.0/a # sec(60)
d = 1.0/tf.tan(PI/3.) # cot(60)

@tf.function # this decorator is okay
def math_values():
  print("a:",a)
  print("b:",b)
  print("c:",c)
  print("d:",d)

math_values()
```

清单 C.15 简单明了：它与清单 C.13 有一些相同的 TF 2 API。此外清单 C.15 包含 `tf.tan()` API，用来计算正切值（以弧度为单位）。清单 C.15 的输出结果如下：

```
a: tf.Tensor(0.49999997, shape=(), dtype=float32)
b: tf.Tensor(0.86602545, shape=(), dtype=float32)
c: tf.Tensor(2.0000002,  shape=(), dtype=float32)
d: tf.Tensor(0.57735026, shape=(), dtype=float32)
```

C.4.3　计算 TF 2 中的指数值

清单 C.16 的 `tf2_exp_values.py` 说明了如何计算 TF 2 中的指数值。

清单 C.16　tf2_exp_values.py

```
import tensorflow as tf
a  = tf.exp(1.0)
b  = tf.exp(-2.0)
s1 = tf.sigmoid(2.0)
s2 = 1.0/(1.0 + b)
t2 = tf.tanh(2.0)

@tf.function # this decorator is okay
def math_values():
  print('a: ', a)
  print('b: ', b)
  print('s1:', s1)
  print('s2:', s2)
  print('t2:', t2)

math_values()
```

清单 C.16 以 TF 2 的 API `tf.exp()`、`tf.sigmoid()` 和 `tf.tanh()` 开始，分别计算数字的指数值，数字的 Sigmoid 值以及双曲正切值。清单 C.16 的输出结果如下：

```
a:  tf.Tensor(2.7182817,  shape=(), dtype=float32)
b:  tf.Tensor(0.13533528, shape=(), dtype=float32)
s1: tf.Tensor(0.880797,   shape=(), dtype=float32)
s2: tf.Tensor(0.880797,   shape=(), dtype=float32)
t2: tf.Tensor(0.9640276,  shape=(), dtype=float32)
```

C.5　数组相关的 TF 2 代码示例

C.5.1　在 TF 2 中使用字符串

清单 C.17 的 `tf2_strings.py` 说明了如何在 TF 2 中使用字符串。

清单 C.17　tf2_strings.py

```
import tensorflow as tf

x1 = tf.constant("café")
print("x1:",x1)
tf.strings.length(x1)
print("")

len1 = tf.strings.length(x1, unit="UTF8_CHAR")
len2 = tf.strings.unicode_decode(x1, "UTF8")

print("len1:",len1.numpy())
print("len2:",len2.numpy())
print("")

# String arrays
x2 = tf.constant(["Café", "Coffee", "caffè",咖啡"])
print("x2:",x2)
print("")

len3 = tf.strings.length(x2, unit="UTF8_CHAR")
print("len2:",len3.numpy())
```

```
print("")

r = tf.strings.unicode_decode(x2, "UTF8")
print("r:",r)
```

清单 C.17 将 TF 2 常量 `x1` 定义为包含重音符号的字符串。第一个 `print()` 语句显示 `x1` 的前三个字符，后跟一对代表重音“e”字符的十六进制值。第二和第三个 `print()` 语句显示 `x1` 中的字符数，后跟字符串 `x1` 的 UTF8 序例。

清单 C.17 的下一部分将 TF 2 常量 `x2` 定义为包含四个字符串的一阶 TF 2 张量。下一条 `print()` 语句使用 UTF8 值显示含有重音符号的 `x2` 内容。

清单 C.17 的最后部分将 `r` 定义为字符串 `x2` 中字符的 Unicode 值。清单 C.17 的输出结果如下：

```
x1: tf.Tensor(b'caf\xc3\xa9', shape=(), dtype=string)

len1: 4
len2: [ 99  97 102 233]

x2: tf.Tensor([b'Caf\xc3\xa9' b'Coffee' b'caff\xc3\xa8
b'\xe5\x92\x96\xe5\x95\xa1'], shape=(4,), dtype=string)

len2: [4 6 5 2]

r: <tf.RaggedTensor [[67, 97, 102, 233], [67, 111,
102, 102, 101, 101], [99, 97, 102, 102, 232], [21654,
21857]]>
```

C.5.2 在 TF 2 中使用带运算符的张量

清单 C.18 的 `tf2_tensors_operations.py` 说明了如何在 TF 2 中使用带运算符的各种张量。

清单 C.18　tf2_tensors_operations.py

```
import tensorflow as tf

x = tf.constant([[1., 2., 3.], [4., 5., 6.]])

print("x:", x)
print("")
print("x.shape:", x.shape)
print("")
print("x.dtype:", x.dtype)
print("")
print("x[:, 1:]:", x[:, 1:])
print("")
print("x[..., 1, tf.newaxis]:", x[..., 1, tf.newaxis])
print("")
print("x + 10:", x + 10)
print("")
print("tf.square(x):", tf.square(x))
print("")
print("x @ tf.transpose(x):", x @ tf.transpose(x))

m1 = tf.constant([[1., 2., 4.], [3., 6., 12.]])
```

```
print("m1:                 ", m1 + 50)
print("m1 + 50:            ", m1 + 50)
print("m1 * 2:             ", m1 * 2)
print("tf.square(m1):      ", tf.square(m1))
```

清单 C.18 定义了 TF 张量 x，它包含一个 2x3 的实数数组。清单 C.18 中的代码说明了如何通过调用 `x.shape` 和 `x.dtype` 以及 TF 函数 `tf.square(x)` 来表示 x 的属性。清单 C.18 的输出结果如下：

```
x: tf.Tensor(
[[1. 2. 3.]
 [4. 5. 6.]], shape=(2, 3), dtype=float32)

x.shape: (2, 3)

x.dtype: <dtype: 'float32'

x[:, 1:]: tf.Tensor(
[[2. 3.]
 [5. 6.]], shape=(2, 2), dtype=float32)

x[..., 1, tf.newaxis]: tf.Tensor(
[[2.]
 [5.]], shape=(2, 1), dtype=float32

x + 10: tf.Tensor(
[[11. 12. 13.]
 [14. 15. 16.]], shape=(2, 3), dtype=float32)

tf.square(x): tf.Tensor(
[[ 1.  4.  9.]
 [16. 25. 36.]], shape=(2, 3), dtype=float32)

x @ tf.transpose(x): tf.Tensor(
[[14. 32.]
 [32. 77.]], shape=(2, 2), dtype=float32)

m1:                 tf.Tensor(
[[51. 52. 54.]
 [53. 56. 62.]], shape=(2, 3), dtype=float32)

m1 + 50:            tf.Tensor(
[[51. 52. 54.]
 [53. 56. 62.]], shape=(2, 3), dtype=float32)

m1 * 2:             tf.Tensor(
[[ 2.  4.  8.]
 [ 6. 12. 24.]], shape=(2, 3), dtype=float32)

tf.square(m1):      tf.Tensor(
[[  1.   4.  16.]
 [  9.  36. 144.]], shape=(2, 3), dtype=float32)
```

C.5.3　TF 2 中的二阶张量

清单 C.19 的 `tf2_elem2.py` 说明了如何定义 2 阶 TF 张量，并访问张量中的元素。

清单 C.19　tf2_elem2.py

```
import tensorflow as tf

arr2 = tf.constant([[1,2],[2,3]])

@tf.function
def compute_values():
  print('arr2: ',arr2)
  print('[0]:  ',arr2[0])
  print('[1]:  ',arr2[1])

compute_values()
```

清单 C.19 的 TF 常量 `arr1` 被初始化为 `[[1,2], [2,3]]`。三个 `print()` 语句分别显示 `arr1` 的值，索引为 1 的元素值，索引为 `[1,1]` 的元素值。清单 C.19 的输出结果如下：

```
arr2:   tf.Tensor(
[[1 2]
 [2 3]], shape=(2, 2), dtype=int32)
[0]:   tf.Tensor([1 2], shape=(2,), dtype=int32)
[1]:   tf.Tensor([2 3], shape=(2,), dtype=int32)
```

清单 C.20 的 `tf2_elem3.py` 说明了如何定义 2 阶 TF 2 张量，并访问张量中的元素。

清单 C.20　tf2_elem3.py

```
import tensorflow as tf

arr3 = tf.constant([[[1,2],[2,3]],[[3,4],[5,6]]])

@tf.function # replace print() with tf.print()

def compute_values():
  print('arr3:    ',arr3)
  print('[1]:     ',arr3[1])
  print('[1,1]:   ',arr3[1,1])
  print('[1,1,0]:',arr3[1,1,0])

compute_values()
```

清单 C.20 的 TF 常量 `arr3` 被初始化为 `[[1,2],[2,3]],[[3,4],[5,6]]`。四个 `print()` 语句分别显示 `arr3` 的值，索引为 1 的元素值，索引为 `[1,1]` 的元素值，索引为 `[1,1,0]` 的元素值。清单 C.20 的输出（出于显示目的略有调整）如下：

```
arr3:    tf.Tensor(
[[[1 2]
  [2 3]]

 [[3 4]
  [5 6]]], shape=(2, 2, 2), dtype=int32)
[1]:     tf.Tensor(
[[3 4]
 [5 6]], shape=(2, 2), dtype=int32)
[1,1]:   tf.Tensor([5 6], shape=(2,), dtype=int32)
[1,1,0]: tf.Tensor(5, shape=(), dtype=int32)
```

C.5.4　TF 中两个二阶张量的乘法运算

清单 C.21 的 tf2_mult.py 说明了如何在 TF 2 中进行二阶张量乘法运算。

清单 C.21　tf2_mult.py

```
import tensorflow as tf

m1 = tf.constant([[3., 3.]])  # 1x2
m2 = tf.constant([[2.],[2.]]) # 2x1
p1 = tf.matmul(m1, m2)        # 1x1

@tf.function
def compute_values():
  print('m1:',m1)
  print('m2:',m2)
  print('p1:',p1)

compute_values()
```

清单 C.21 中的两个 TF 常量 m1 和 m2，分别被初始化为 [[3., 3.]] 和 [[2.],[2.]]。由于嵌套了方括号，m1 的 shape 为 1x2，m2 的 shape 为 2x1。因此 m1 和 m2 的乘积 shape 为 (1,1)。

三个 print() 语句分别显示 m1、m2 和 p1 的值。清单 C.21 的输出结果如下：

```
m1: tf.Tensor([[3. 3.]], shape=(1, 2), dtype=float32)
m2: tf.Tensor(
[[2.]
 [2.]], shape=(2, 1), dtype=float32)
p1: tf.Tensor([[12.]], shape=(1, 1), dtype=float32)
```

C.5.5　将 Python 数组转换为 TF 张量

清单 C.22 的 tf2_convert_tensors.py 说明了如何将 Python 数组转换为 TF 2 张量。

清单 C.22　tf2_convert_tensors.py

```
import tensorflow as tf
import numpy as np

x1 = np.array([[1.,2.],[3.,4.]])
x2 = tf.convert_to_tensor(value=x1, dtype=tf.float32)

print ('x1:',x1)
print ('x2:',x2)
```

清单 C.22 非常简单直接，始于 TensorFlow 和 NumPy 的 import 语句。下一步的变量 x1 是 NumPy 数组，将 x1 转换为 TF 张量后，得到结果 x2。清单 C.22 的输出结果如下：

```
x1: [[1. 2.]
 [3. 4.]]
x2: tf.Tensor(
[[1. 2.]
 [3. 4.]], shape=(2, 2), dtype=float32)
```

TF 2 中的类型冲突

清单 C.23 的 `tf2_conflict_types.py` 说明了在 TF 2 中，将不兼容的张量进行合并的结果。

清单 C.23　tf2_conflict_types.py

```
import tensorflow as tf

try:
  tf.constant(1) + tf.constant(1.0)
except tf.errors.InvalidArgumentError as ex:
  print(ex)

try:
  tf.constant(1.0, dtype=tf.float64) + tf.constant(1.0)
except tf.errors.InvalidArgumentError as ex:
  print(ex)
```

清单 C.23 包含两个 `try/except` 模块。第一个模块将两个常量 1 和 1.0 相加，这两个常量是兼容的。第二个模块将 `tf.float64` 格式的 1.0 与值 1.0 相加，这是两个不兼容的张量。清单 C.23 的输出结果如下：

```
cannot compute Add as input #1(zero-based) was expected
to be a int32 tensor but is a float tensor [Op:Add] name:
add/
cannot compute Add as input #1(zero-based) was expected
to be a double tensor but is a float tensor [Op:Add]
name: add/
```

C.6　TF 2 中的微分和 `tf.GradientTape`

自动微分（即计算导数）对于实现 ML 算法很有用，比如用于训练各种类型的神经网络（NN）的反向传播。在即时执行模式下，TF 2 的上下文管理器 `tf.GradientTape` 跟踪计算梯度的操作。其提供了一个 `watch()` 方法，用于指定被微分（在数学意义上）的张量。

`tf.GradientTape` 上下文管理器将所有正向操作记录在“磁带”（tape）上。接下来，它通过向后“播放”tape 来计算梯度，然后在进行一次梯度计算后丢弃 tape。因此一个 `tf.GradientTape` 只能计算一个梯度，后续调用会引发运行时错误。请记住，`tf.GradientTape` 上下文管理器仅存在于即时执行模式中。

为什么我们需要 `tf.GradientTape` 上下文管理器？考虑延迟执行模式中，我们可以用已有的图了解节点如何连接。函数的梯度计算分两个步骤执行：（1）从图的输出到输入的回溯；（2）计算梯度以获得结果。

相反，在即时执行模式中，使用自动微分计算函数的梯度的唯一方法是构造一个图。在 `tf.GradientTape` 上下文管理器中的某些“可监控”元素（例如一个变量）上构造执行的操作图之后，我们可以指示 tape 计算所需的梯度。如果需要更详细的介绍，tf.GradientTape 文档中的示例说明了 tape 如何使用，以及我们为何需要 tape。

tf.GradientTape 默认为“播放一次然后丢弃”，但也可以指定一个持久性的 tape，其中所有的值都是持久的，因此可以多次“播放”该 tape。C.6.1 节的几个 tf.GradientTape 示例中，涉及了持久性 tape。

清单 C.24 的 tf2_gradient_tape1.py 说明了如何在 TF 2 中调用 tf.GradientTape。这是在 TF 2 中使用 tf.GradientTape 的最简单的示例之一。

清单 C.24 tf2_gradient_tape1.py

```
import tensorflow as tf

w = tf.Variable([[1.0]])

with tf.GradientTape() as tape:
  loss = w * w

grad = tape.gradient(loss, w)
print("grad:",grad)
```

清单 C.24 定义了变量 w，后跟 with 语句，该语句使用表达式 w*w 初始化变量 loss。接下来，用 tape 返回的导数初始化变量 grad，然后使用 w 的当前值求值。

请注意，如果我们定义函数 z=w*w，则 z 的一阶导数是 2*w，把 1.0 作为 w 的值代入，其结果为 2.0。清单 C.24 的代码输出如下：

```
grad: tf.Tensor([[2.]], shape=(1, 1), dtype=float32)
```

C.6.1 结合使用 tf.GradientTape 与 watch() 方法

清单 C.25 的 tf2_gradient_tape2.py 说明了如何在 TF 2 中结合使用 tf.GradientTape 与 watch() 方法。

清单 C.25 tf2_gradient_tape2.py

```
import tensorflow as tf

x = tf.constant(3.0)

with tf.GradientTape() as g:
  g.watch(x)
  y = 4 * x * x

dy_dx = g.gradient(y, x)
```

清单 C.25 包含与清单 C.24 类似的 with 语句，但这里调用了 watch() 方法来“监控”张量 x。如上一节所述，如果我们定义函数 y=4*x*x，则 y 的一阶导数为 8*x。当 x 值为 3.0 时，结果为 24.0。

清单 C.25 的代码输出结果如下：

```
dy_dx: tf.Tensor(24.0, shape=(), dtype=float32
```

C.6.2　结合使用嵌套循环与 tf.GradientTape

清单 C.26 的 tf2_gradient_tape3.py 说明了如何使用 tf.GradientTape 定义嵌套循环，以计算 TF 2 张量的一阶和二阶导数。

清单 C.26　tf2_gradient_tape3.py

```
import tensorflow as tf

x = tf.constant(4.0)
with tf.GradientTape() as t1:
  with tf.GradientTape() as t2:
    t1.watch(x)
    t2.watch(x)
    z = x * x * x
  dz_dx = t2.gradient(z, x)
d2z_dx2 = t1.gradient(dz_dx, x)

print("First  dz_dx:  ",dz_dx)
print("Second d2z_dx2:",d2z_dx2)

x = tf.Variable(4.0)
with tf.GradientTape() as t1:
  with tf.GradientTape() as t2:
    z = x * x * x
  dz_dx = t2.gradient(z, x)
d2z_dx2 = t1.gradient(dz_dx, x)

print("First  dz_dx:  ",dz_dx)
print("Second d2z_dx2:",d2z_dx2)
```

清单 C.26 的第一部分包含一个嵌套循环，当 x 等于 4 时，外循环计算一阶导数，内循环计算 x*x*x 的二阶导数。清单 C.26 的第二部分包含另一个嵌套循环，语法稍有不同，但输出结果相同。

如果你对导数有些生疏，下面的代码展示了函数 z 的一阶导数 z' 和二阶导数 z''：

```
z   = x*x*x
z'  = 3*x*x
z'' = 6*x
```

将 x=4.0 代入 z、z' 和 z'' 时，结果分别为 64.0、48.0 和 24.0。清单 C.26 的代码输出结果如下：

```
First  dz_dx:   tf.Tensor(48.0, shape=(), dtype=float32
Second d2z_dx2: tf.Tensor(24.0, shape=(), dtype=float32
First  dz_dx:   tf.Tensor(48.0, shape=(), dtype=float32
Second d2z_dx2: tf.Tensor(24.0, shape=(), dtype=float32
```

C.6.3　使用 tf.GradientTape 的其他张量

清单 C.27 的 tf2_gradient_tape4.py 说明了如何使用 tf.GradientTape 计算 TF 2 中一个 2x2 张量的一阶导数表达式。

清单 C.27　tf2_gradient_tape4.py

```
import tensorflow as tf

x = tf.ones((3, 3))

with tf.GradientTape() as t:
  t.watch(x)
  y = tf.reduce_sum(x)
  print("y:",y)
  z = tf.multiply(y, y)
  print("z:",z)
  z = tf.multiply(z, y)
  print("z:",z)

# the derivative of z with respect to y
dz_dy = t.gradient(z, y)
print("dz_dy:",dz_dy)
```

在清单 C.27 中，y 等于 3x3 张量 x 中元素的总和 9。

接下来，将 z 指定为 y*y，然后再与 y 相乘，因此 z 的最终表达式（及其导数）如下：

```
z  = y*y*y
z' = 3*y*y
```

当 y 值为 9 时，z' 的结果为 3*9*9，等于 243。清单 C.27 的代码输出结果如下（为便于阅读，略微调整了原输出格式）：

```
y: tf.Tensor(9.0,       shape=(), dtype=float32)
z: tf.Tensor(81.0,      shape=(), dtype=float32)
z: tf.Tensor(729.0,     shape=(), dtype=float32)
dz_dy: tf.Tensor(243.0, shape=(), dtype=float32)
```

C.6.4　持久梯度 tape

清单 C.28 的 tf2_gradient_tape5.py 说明了如何使用 tf.GradientTape 定义持久梯度 tape，以便计算 TF 2 张量的一阶导数。

清单 C.28　tf2_gradient_tape5.py

```
import tensorflow as tf

x = tf.ones((3, 3))

with tf.GradientTape(persistent=True) as t:
  t.watch(x)
  y = tf.reduce_sum(x)
  print("y:",y)
  w = tf.multiply(y, y)
     print("w:",w)

  z = tf.multiply(y, y)
  print("z:",z)
  z = tf.multiply(z, y)
  print("z:",z)

# the derivative of z with respect to y
```

```
dz_dy = t.gradient(z, y)
print("dz_dy:",dz_dy)
dw_dy = t.gradient(w, y)
print("dw_dy:",dw_dy)
```

清单 C.28 与清单 C.27 几乎相同，新增部分以粗体显示。请注意，w 是 y*y，其一阶导数 w' 是 2*y。因此，把 y 的值设为 9.0 代入 w 和 w' 时，分别得到 81 和 18。清单 C.28 的代码输出结果如下（为便于阅读，略微调整了原输出格式），其中新增的输出以粗体显示：

```
y: tf.Tensor(9.0,        shape=(), dtype=float32)
w: tf.Tensor(81.0,       shape=(), dtype=float32)
z: tf.Tensor(81.0,       shape=(), dtype=float32)
z: tf.Tensor(729.0,      shape=(), dtype=float32)
dz_dy: tf.Tensor(243.0, shape=(), dtype=float32)
dw_dy: tf.Tensor(18.0,  shape=(), dtype=float32)
```

C.7 小结

本附录介绍了 TF 2，简要地说明了其架构以及 TF 2“家族”的一些工具。之后你学习了如何编写包含 TF 常量和变量的 TF 2 Python 脚本，此外还有如何执行算术操作，并使用一些内置的 TF 函数。

接下来你学习了如何计算三角函数值，使用循环语句，计算指数值，并在二阶 TF 2 张量上执行各种操作。代码示例介绍了如何使用 TF 2 的一些新特性，例如 @tf.function 装饰器和 tf.GradientTape。